超牛的进化

揭秘生物世界中不为人知的进化真相

[日]今泉忠明 著　蒋芳婧 译

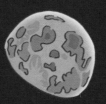

CTS | K 湖南科学技术出版社　小博集 BOOKY KIDS

前言

这本书讲述的是那些"奇葩"生物进行超牛的进化的故事。

"奇葩"这个词原本指奇特而美丽的花朵，常用来比喻人物或事物不同寻常、非常出众，但现在更多地用于形容行为或思维偏离正常范围，让人难以想象。

就像这样，随着时代变迁，一个词的意思和用法会发生改变。

我们或许可以将这种现象称为"词的进化"。

所谓"进化"，指的就是事物逐渐发展、变化，从简单到复杂、由低级向高级变化。

那么，"生物的进化"指的是什么呢？

"生物的进化"是指生物的形态或特征在数十万乃至数百万年间发生变化。

当栖息地发生重大变故时，"进化的机会"也随之到来。

全球火山大爆发，极度严寒的冰期，巨型陨石撞击地球……

每当发生这类重大变化时，都会造成
许多生物物种灭绝。

不过，也有很多生物成功摆脱灭绝危机，
演变成为"进化后的生物"，适应新的环境，
产生了新的特征。

"生物的进化"就是在漫长的历史之中，生物一代传
一代，逐渐继承、延续而形成的。

在这本书里，我会给大家介绍超牛、超有趣的四类进
化现象。

大家来比一比如今的生物和它祖先的模样吧！

不比不知道，一比吓一跳！

变化之大，一定会让你由衷地感慨：进化超牛！

有些生物的进化剑走偏锋，来比一比它们的特点吧！

各种各样的进化，一定会让你赞叹：生物太牛了！

想一想，选出你心目中"最牛的生物进化"吧！

除了本书介绍的内容之外，或许还存在更牛的生物进
化哦。

读者朋友们，希望你们读完这本书后，都能感受到生
物进化超牛、超有趣！

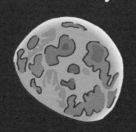

目录 超牛的进化

\ 不比不知道，一比吓一跳！/

第1章 这么大的变化？！太牛了吧！

在进化中改变形态的生物　16

你见过不长壳的龟类吗？

你知道这是谁的祖先吗？

4

\ 不比不知道，一比吓一跳！/

第2章 几乎没有变化?! 太牛了吧!

至今仍保持远古时期模样的生物 72

天国的达尔文先生，您好吗？

我们好几亿年前就在地球上生活了。

被称为"活化石"，我还有点害羞呢。

\ 不比不知道，一比吓一跳！ /

第3章 这竟然是同类？！太牛了吧！

虽说是同类，特征大不一样 96

我要不要报名参加
全国长寿比赛呢……

我下的蛋十分小巧可爱！

我的盔甲可是
贝类里最强大的！

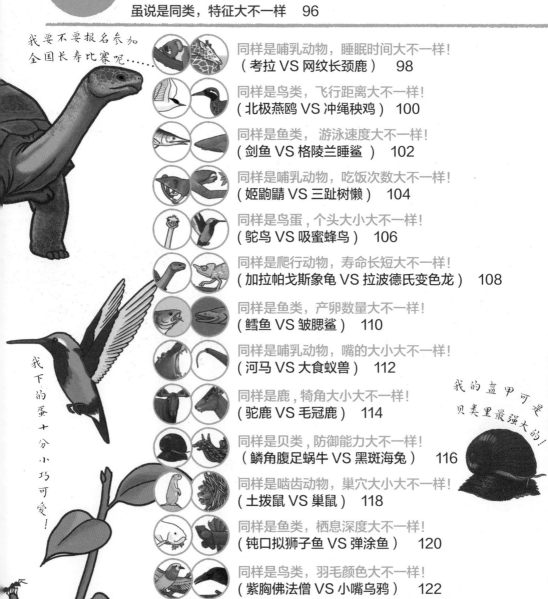

\ 不比不知道，一比吓一跳！ /

第4章

竟然和人类一样？！太牛了吧！

动物们那些与人类如出一辙的行为与习性　126

公厕就是我们的社交平台！

我会说方言！

超牛的进化❸

※本书中出现的生物的相关数据（大小、生存年代等）来自多项文献、研究机构的论文资料，以及作者的调查记录等。

※生物的大小等特点存在个体间的差异，数值仅供参考。

小朋友们快坐好，《超牛的进化》就要开讲啦！

\ 不比不知道，一比吓一跳！/

生物通过进化而改变！

1. 身体形态发生改变！

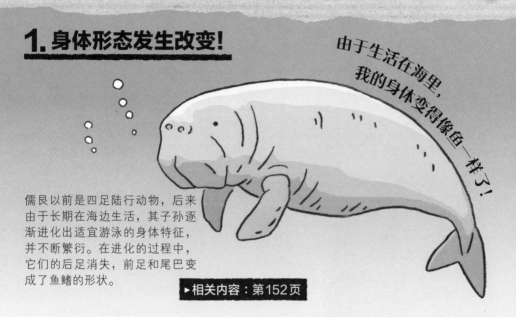

由于生活在海里，我的身体变得像鱼一样了！

儒艮以前是四足陆行动物，后来由于长期在海边生活，其子孙逐渐进化出适宜游泳的身体特征，并不断繁衍。在进化的过程中，它们的后足消失，前足和尾巴变成了鱼鳍的形状。

▶相关内容：第152页

3. 有利的特征将会保留！

这些树叶只有我们能够到，可以放开了尽情吃！

长颈鹿的脖子以前是很短的。后来，它们离开森林来到草原驰骋，因此腿变得越来越长，而长脖子有助于它们站着喝水，以及吃到高处的树叶。由于许多脖子长的长颈鹿存活了下来，于是就把长脖子的特征传给了它们的子孙。

▶相关内容：第30页

为什么远古时代地球上的生物和现在模样完全不一样呢？这是因为，生物们在漫长的历史之中发生了"进化"。进化指的是生物为了在所处环境中更好地生存下去而使身体形态和特征发生相应的变化。地球环境每次发生改变时，生物就会发生进化或灭绝，于是变成了现在的状态。

2. 能力发生改变！

大熊猫曾经是肉食动物，以其他动物的肉为食。然而，因为在后来的竞争中败给了对手，大熊猫躲进了深山老林，周围只有老鼠和竹笋这类食物，于是逐渐改变了对食物的偏好，变成以山里盛产的竹子、竹叶为食。

▶相关内容：第44页

选择跟大家不一样的食物，
就不用去争抢了！

4. 有的变化会让生物丧失原有能力！

不知何时起，
我变得不会飞了……

企鹅原本是会飞行的鸟类。它们经常潜入海里捕食鱼类，于是进化出了能够游得飞快的身体，却再也飞不起来了。它们的身体在进化的同时也发生了退化。

\生物/
是怎样进化的呢?

6800万年前

世界是恐龙的天下。那个时候,我们的祖先——哺乳动物,还悄无声息地躲在森林里生活着。

6600万年前

巨型陨石撞击了地球,造成大量的沙尘覆盖了整个地球。

一切都是命运的恶作剧?!

生物"进化"的契机

1.环境发生变化

陨石撞击、火山爆发、全球性气候变化……当环境发生重大变化时,生物体内沉睡的"进化开关"就会开启,更容易生出与父母不同特征的新生命。*

* 这种现象被称为"基因突变"。

无论我们多么强烈地希望拥有翅膀，也不可能按照自己的意愿进化出来。只有当多个偶然条件叠加在一起时，才可能发生进化。同时，进化不会发生在一代的时间里，而是要在一代又一代的繁衍之中，花费数十万年、数百万年的漫长时间才能实现。

5000万年前

少数幸存的哺乳动物依靠食用死去的动物和一些植物活了下来。恐龙的灭绝让哺乳动物得到了广阔的生存空间，它们在世界各地繁衍生息，壮大种群。

6550万年前

由于地球表层充斥的大量尘土阻隔了阳光，地球变得黑暗和寒冷。大量植物枯死，以植物为食的动物饿死了，以这些动物为食的恐龙也灭绝了。

2. 得到更广阔的生存空间

无法适应环境变化的生物灭绝了。这也意味着，幸存下来的生物获取食物和养育后代的空间将会随之扩大。因此，它们可以在更多的土地上繁衍出具有不同特征的后代。*

3. 能适应环境的后代得以生存

生存环境改变后，存活下来的生物后代大多数拥有能够适应新环境的特征。*它们的后代身上又会继承这些特征，这样生物就实现了"进化"。环境的变化让生物在繁衍延续之中改变了样貌和特征。

* 这种现象被称为"适应辐射"。

* 这种现象被称为"自然选择"。

祖先是什么样子的呢?

这个令人毛骨悚然的家伙是什么生物?

约 6 亿年前
多细胞生物
许多细胞聚集在一起,诞生了肉眼可见的生物。

约 38 亿年前?
单细胞生物
海洋里诞生了最早的生命,是只有一个细胞的微生物。

约 5 亿年前
无脊椎动物和鱼类等
拥有眼和足等与现在的生物相似的身体结构,能够在海里自由遨游的生物诞生了。无脊椎动物大量繁衍生息,鱼的祖先也诞生了。

这个生物是不是有点奇怪啊?

地球上最早诞生的生命是小得肉眼看不见的微小生物。在那之后，经过38亿年的漫长岁月，进化、诞生出了具有各种各样特征的生物。地球上生活的所有生物都是从最早的生命进化而来的，几十亿年前是一家。从古至今，生命的历史一直紧密相连。

它可真是肌肉发达啊……

6600 万年前
哺乳动物和鸟类等
巨型陨石撞击地球，导致当时极为繁盛的恐龙灭绝了。之后，哺乳动物和鸟类的数量大幅增加。

约 3 亿年前
两栖类和爬行类等
许多生物将生存空间从海洋拓展到了陆地。从鱼类进化而来的两栖类兴起，出现了爬行类、下孔类等生物。

约 20 万年前
人类（智人）
人类在非洲诞生。

在进化的过程中，我们的样貌逐渐发生着改变。那么，在 100 万年前、1000 万年前、1 亿年前，我们的祖先究竟长什么样呢？

来看看祖先们令人吃惊的样貌吧！ ☞

生物通过灭绝来实现进化?!

通过化石追溯历史 地质年代年表

从古代地层中发现的化石

今

古

人类……第四纪

▼相关内容 第152页

笠头螈（两栖动物）……二叠纪
▼相关内容 第150页

恐龙……三叠纪到白垩纪
▼相关内容 第150页

邓氏鱼（鱼类）……泥盆纪
▼相关内容 第149页

三叶虫（无脊椎动物）……寒武纪到二叠纪
▼相关内容 第148页

埃迪卡拉动物群……元古宙埃迪卡拉纪
▼相关内容 第147页

▼相关内容 第144页

蓝藻（叠层石）……太古宙至今
▼相关内容 第143页

※ 可用来推知所处地层的地质年代的化石叫作"标志化石"。

地质年代与距今年数

现在

新生代	第四纪	258 万年前
	新近纪	2303 万年前
	古近纪	6600 万年前
中生代	白垩纪	1 亿 4500 万年前
	侏罗纪	2 亿 130 万年前
	三叠纪	2 亿 5190 万年前
古生代	二叠纪	2 亿 9890 万年前
	石炭纪	3 亿 5890 万年前
	泥盆纪	4 亿 1920 万年前
	志留纪	4 亿 4380 万年前
	奥陶纪	4 亿 8540 万年前
	寒武纪	5 亿 4100 万年前
前寒武纪	元古宙	25 亿年前
	太古宙	40 亿年前
	冥古宙	46 亿年前

※ 本书所介绍的地质年代参考国际地层委员会编《国际年代地层表》（2019 年 5 月版）。

从地球诞生到人类历史开始之间的时期叫作"地质年代"。地质年代发生过多次生物"大灭绝"，地球发生了大规模火山喷发、巨型陨石撞击、气候骤变等巨大变化，大量生物因此灭绝。然而，无论什么时候，总有一些生物能够生存下来，实现巨大的进化。让我们通过化石来追溯，看看那时有什么生物吧！

历史上的大灭绝与大进化

生物的历史
积累了
约 38 亿年!!

哺乳动物兴盛繁衍，人类诞生

在 6600 万年前的白垩纪末期，地球遭到巨型陨石撞击，60% 的物种灭绝了。恐龙灭绝之后，哺乳动物在全世界兴盛繁衍。到了约 20 万年前时，部分猿类实现了进化，人类诞生了。

大灭绝 & 大进化

两栖动物中进化出爬行动物，恐龙兴盛繁衍

二叠纪末期，发生了全球性的火山爆发，所有物种中约有 90% 灭绝。这之后迎来了爬行动物的繁盛期。三叠纪末期也发生了火山爆发，所有物种中约有 60% 灭绝。这之后，爬行动物中，恐龙的种类在全世界范围内增加，进入了恐龙的繁盛期。

大灭绝 & 大进化

大灭绝 & 大进化

鱼类中进化出两栖动物，两栖动物兴盛繁衍

泥盆纪末期，地球环境发生了剧烈变化，所有物种中约有 82% 灭绝。部分鱼类的鳍进化为四肢，迁徙至陆地并兴盛繁衍。

大灭绝 & 大进化

有脊椎的鱼类发生进化并繁盛

奥陶纪末期，地球环境发生剧烈变化，所有物种中约有 85% 灭绝。此后，拥有坚硬的脊椎和强壮颌骨的鱼类开始兴盛繁衍。

大灭绝 & 大进化

无脊椎动物发生进化并繁盛

元古宙末期时，地球环境发生剧烈变化。经历"大灭绝"之后，三叶虫等无脊椎动物发生进化，生物的种类出现爆发式增长。

大灭绝 & 大进化

微生物诞生并进化

约 38 亿年前，细菌等微生物诞生了。约 6 亿年前，在反复经历进化与灭绝之后，诞生了体形较大的"埃迪卡拉动物群"。

地球诞生 ▶相关内容：第142页

第1章

不比不知道,
一比吓一跳!

这么大的变化?!
太牛了吧!

在进化中改变形态的生物

地球上有着许许多多的生物,多得数都数不清。

这些生物的形态并不是自古以来保持不变的。

很久很久以前,生物的祖先们在经历了漫长的岁月进化之后,身体的形状、大小发生变化,才变成了今天的样子。

今天我们所熟悉的生物,它们的祖先当年长什么样呢?

比一比,看一看,生物的"以前"和"现在"大不同!

本章的阅读方法

看一看左页与右页,比一比生物的"以前"和"现在"吧!它们有哪些相同点,又有哪些不同点呢?观察一下,生物们在进化过程中,形态上发生了怎样的变化吧!

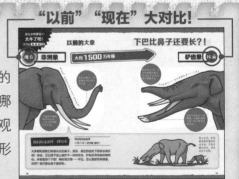

超牛！

下颌变长了。

※ 本章所介绍的生物出现年代（绝对年代）是通过计算其化石所在地层的地质年代推算出的大致年代。

以前的大象

现在 **非洲象**

大约 **1500** 万年前

其实呢，我的鼻子是和上唇一起变长的。

长长的鼻子一次能储存的水有 9 升之多。

大象用来碾碎植物的牙齿，一生中会更换 5 次之多。

我们有过这样一段历史

讲述祖先的故事
大象小姐（非洲象 雌性）

大家都知道我们有着长长的鼻子，其实，我们的祖先下颌很长很长哟！听说，它们用下颌上像铲子一样的牙齿，铲起沼泽地里的植物吃。来看看那个下颌！确实很方便……不过，怎么看都觉得很重，对吧？我只要长鼻子就好啦。

下巴比鼻子还要长？！

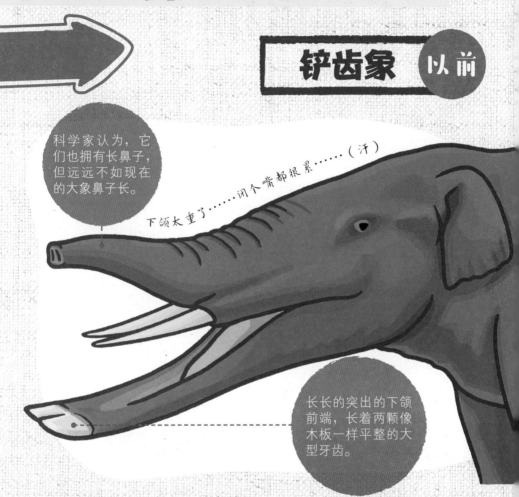

科学家认为，它们也拥有长鼻子，但远远不如现在的大象鼻子长。

下颌太重了……闭个嘴都很累……（汗）

长长的突出的下颌前端，长着两颗像木板一样平整的大型牙齿。

有人认为，铲齿象进食所需的时间太长，不利于繁衍后代，因此走向了灭绝。

大象是
这样进化的!

进化出长长的鼻子, 更方便获取食物和水啦!

1500 万年前

体形变大,进化出了长长的鼻子!

5800 万年前

那个时候还没有长长的鼻子和象牙哦。

我们是这样诞生的!

磷灰兽

生存年代	新生代古近纪(古新世)
大 小	体长 60 厘米
食 物	水草等
栖息地	非洲北部

磷灰兽是大象最古老的祖先。体形大小跟犬类相近,外观像河马,据说生活方式也和河马相似,以沼泽与河流附近的水草为食,没有长长的鼻子。

我们是这样诞生的!

铲齿象

生存年代	新生代新近纪(中新世)
大 小	体长 4 米
食 物	草、树皮等
栖息地	非洲、亚欧大陆、北美洲

当栖息地变为广阔的草原后,铲齿象进化出了更大的体形。为了站着也能方便地将地面的草和水送入口中,它们进化出了长长的鼻子,并且下颌也是长长的。

大象的祖先生活在森林里有水的地方，它们体形小，鼻子也不长。从森林来到平原生活后，它们的体形变大，鼻子也进化得很长。多亏了长鼻子，它们可以站着吃草或喝水，即使在吃饭时被天敌袭击也能马上逃跑，对生存十分有利。

40万年前

气候严寒，所以长出了毛发。

现在

成了地球上最大的陆地生物！

我们是这样诞生的！

猛犸象

生存年代	新生代第四纪（更新世到全新世）
大 小	体长5米
食 物	禾本科的草、针叶树枝干等
栖 息 地	亚欧大陆、北美洲

随着地球气温下降，冰期来临，猛犸象之中有的进化出了耐寒体质。由于人类为获得毛皮和肉的猎捕行为，以及赖以为食的植物减少，它们在约4000年前灭绝了。

我们是这样诞生的！

非洲象

生存年代	现在
大 小	体长7米
食 物	草、树木果实、竹子等
栖 息 地	非洲（撒哈拉以南）

为了获取维持庞大身躯所需的能量，非洲象一天需要吃150千克的植物，喝100升的水。野生非洲象几乎一整天都在草原散步，寻找食物和水。

以前的鲸鱼

现在 **座头鲸**

大约 5200 万年前

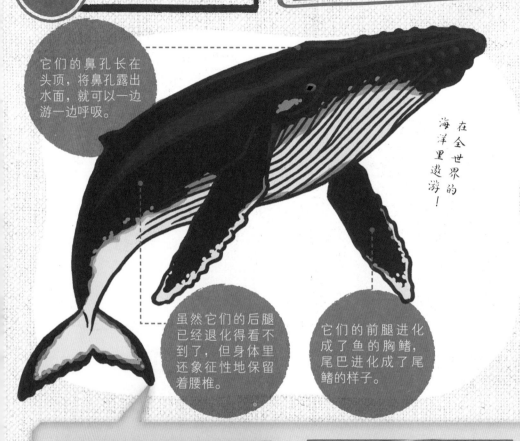

它们的鼻孔长在头顶，将鼻孔露出水面，就可以一边游一边呼吸。

在全世界的海洋里遨游！

虽然它们的后腿已经退化得看不到了，但身体里还象征性地保留着腰椎。

它们的前腿进化成了鱼的胸鳍，尾巴进化成了尾鳍的样子。

我们有过这样一段历史

讲述祖先的故事
鲸鱼先生（座头鲸 雄性）

凭借我现在的体形，我可以轻松地在各个大洋之间遨游。不过，据说我的祖先体形很小，还长着四条腿，在陆地上生活。那时候有一片大海名叫"特提斯海"，祖先们有时会来到海边，捕食大鱼、鸟和龟之类的动物。你相信吗？

在陆地上行走？！

身形大小与狼差不多，外形与狗相似，有一条长长的尾巴。

比起游泳，我更擅长走路。

用四条腿在陆地上行走，有蹄子。

我开吃啦！

从头骨形状和牙齿排列方式来看，它与现在的鲸鱼十分相似。

23

鲸鱼是
这样进化的！

5200万年前 在陆地和海洋之间来回生活。

4900万年前 比起行走，我更擅长游泳！

尽管我们算是失败者，但是通过从陆地搬到海洋生活，我们成功地生存下来了！

我们是这样诞生的！

巴基鲸

生存年代	新生代古近纪（始新世）
大　小	全长 1.8 米
食　物	鱼类、贝类等
栖息地	巴基斯坦北部、印度西部

鲸鱼最早的祖先，有四条腿，早期生活在沿海陆地上。它们依靠捕捉海中的鱼类为食，其后代逐渐适应水中的生活。

我们是这样诞生的！

陆行鲸

生存年代	新生代古近纪（始新世）
大　小	全长 3 米
食　物	鱼类、贝类等
栖息地	巴基斯坦

陆行鲸已进化出更适应在水中生活的身体，脚趾之间长有"脚蹼"。体形变大，在海里上下扭动身体，摆动四肢来游泳。

※ "鲸目"有时也写作"偶蹄目（鲸下目）""鲸偶蹄目"等。

鲸鱼的祖先长着四条腿，生活在陆地上。大约 5000 万年前，部分鲸鱼祖先具备了能够同时在陆地和海洋生活的能力，并且逐步进化出了适宜在海洋中生活的身体。海豚和虎鲸等与鲸鱼是近亲，它们都在水里生活，用母乳喂养小宝宝。尽管现在鲸鱼已经完全演变为海洋生物，但它们身上还保留着哺乳动物的许多特点。

现在

4000
万年前

只潜一次气便可以
水 20 分钟！

四肢逐步进化成鳍啦！

我们是这样诞生的！

龙王鲸

生存年代	新生代古近纪（始新世）
大　　小	全长 20 米
食　　物	鱼类、乌贼等
栖 息 地	非洲、欧洲、北美洲周边海域

龙王鲸的前肢已经进化成鳍，还进化出适应一直在水中生活的身体。虽然体形变得很庞大，但尾鳍和胸鳍却很小，无法潜入深海。

我们是这样诞生的！

座头鲸

生存年代	现在
大　　小	全长 15 米
食　　物	磷虾、鲱鱼等
栖 息 地	全世界的海域

座头鲸头脑发达，会通过鸣声与同伴进行交流，合作捕鱼等。夏季生活在南极与北极附近海域，冬季到赤道附近的温暖海域生育后代。

哺乳纲
偶蹄目

以前的骆驼
没有驼峰?!

现在 **双峰驼**

大约 **5200** 万年前

驼峰中储存有大量脂肪。这些脂肪可以分解转变为能量,所以即使数周不进食也能活动自如。

我们是
这样诞生的!

来自北美平原的祖先在适应了沙漠生活后,进化出了适应沙漠生活的身体。它们拥有宽大扁平的脚掌,不会陷进沙子里;长而浓密的睫毛防止风沙进入眼睛;膝盖和腿根部的皮肤很硬,即使行走在滚烫的沙子上也不会烫伤。作为家畜被人类养殖的骆驼数量在增加,而野生骆驼则濒临灭绝。

生存年代	现在	大小	体长 2.2~3.5 米	食物	仙人掌、树叶等	栖息地	中亚（戈壁沙漠）

骆驼的祖先起源于北美洲，后来逐渐扩展到亚洲、非洲以及南美洲。生活在亚洲和非洲的骆驼祖先被赶出草原，其中一部分适应了沙漠生活，进化为现在的骆驼。生活在南美洲的骆驼祖先也被迫离开草原，其中一部分适应了高山的生活，进化成现在的美洲驼和羊驼。

原标兽 以前

据说它们后背平坦。现在的骆驼刚出生时也没有驼峰，是在成长过程中慢慢长出驼峰的。

体形较小，与大型犬差不多。

我们是 这样诞生的！

原标兽是骆驼最早的祖先，生活在森林里，以柔软的树叶为食。当时食物充足，无须储存营养，因此它们并不长驼峰。现在的骆驼有两个脚趾，它们则有四个。后来，由于气候变得干燥、寒冷，森林减少，生活在北美洲的原标兽走向了灭绝。

生存年代	新生代古近纪（始新世）	大小	体长80厘米	食物	树叶	栖息地	北美洲

太牛了吧！

牛气值 ★★☆

哺乳纲
啮齿目

以前的老鼠
超级大?！

现在

老鼠（褐家鼠）

啊？我们的祖先也太大了吧？

太神奇了吧？

约 **400** 万年前

眼睛和耳朵较小，尾巴比身体还要长。妊娠期 20 天左右，每胎产 6 到 14 只。寿命为 2 到 3 年。

我们是
这样诞生的！

老鼠最早出现在中国北方，后来跟随船只、飞机、火车等交通工具，逐渐散布到除南极以外的所有大陆。城市中也有很多老鼠，它们生活在下水道和地铁等地方，以虫子和厨余垃圾为食。现在，包括老鼠在内的"啮齿目"是哺乳纲中数量最多的。

生存年代	现在	大小	体长 25 厘米	食物	几乎什么都吃	栖息地	世界各地

老鼠的祖先出现在 5500 多万年以前的北美洲。之后进化出了许许多多的种类，并进入南美洲。随着人类繁衍兴盛，它们钻到船只等交通工具里跟着人类漂洋过海，散布到世界的各个角落。

莫尼西鼠 以前

我的体重大约有 700 千克哦……

以前人们认为它们的牙齿较小，因此咬合力较弱，然而最近的研究表明，它们的咬合力与老虎相当。

我们是 这样诞生的！

莫尼西鼠生活在南美洲沼泽地，是历史上最大的鼠类。它们的头骨长达 53 厘米。1200 万年前，南美洲的河畔一直由大型有蹄类（马和河马的同类）统治，这些居于统治地位的动物因受到来自北美洲的新物种影响而灭绝之后，莫尼西鼠为了取代它们，进化出了庞大的身躯。

生存年代	新生代古近纪（上新世）到第四纪（更新世）	大小	体长 3 米	食物	水草、果实等	栖息地	乌拉圭

太牛了吧!

以前的长颈鹿

现在 马赛长颈鹿

▶相关内容:第8页

光是脖子就有2米长哟。

它们用长达40厘米的舌头把树叶卷起来吃。

约 **700** 万年前

为了能把血液输送到头顶,它们的左心室壁厚达8厘米。由于头部后侧有一个纤细的血管网络,当它们用长长的脖子低头、抬头时,脑部血压也不会有大的变化。

脖子短？！

萨摩麟 以前

它们的脖子比马稍微长点，介于现在的长颈鹿和獟㺄之间。

我的子孙将拥有了不起的长脖子。

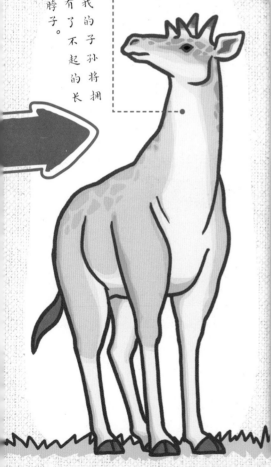

我们有过这样一段历史

讲述祖先的故事
长颈鹿女士（马赛长颈鹿 雌性）

萨摩麟刚刚从森林搬到平原上，所以还没有我们这样长的脖子。它们脖子上半截的骨骼有所伸长，但是下半截的骨骼还是和原来一样短。也就是说，我们的脖子经过了两个阶段才进化成现在的长度，先是脖子上半截的骨骼变长，后来下半截的骨骼也变长了。

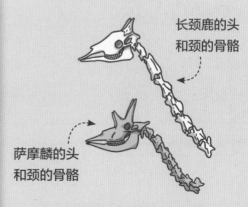

长颈鹿的头和颈的骨骼

萨摩麟的头和颈的骨骼

哺乳动物都拥有相同数量的颈椎骨，都是7块。长颈鹿的颈椎骨每块长30厘米，所以脖子自然就很长啦。

※ 萨摩麟（属）的种类不同，其鹿角的形状和数量也不同。

31

长颈鹿是
这样进化的!

我长着长长的腿和脖子,
跑得快,也不用为食物发愁!

700万年前

1800万年前

一开始,我生活在森林里。

自从来到草原生活,我的体形就变大了!

我们是这样诞生的!

古长颈鹿

生存年代	新生代新近纪(中新世)
大　小	体长 1.7 米
食　物	草、树叶等
栖息地	非洲、亚洲、欧洲

古长颈鹿是最早出现的,是长颈鹿和獾㹢狓的祖先。它们早期生活在森林里,气候变化导致森林减少,它们中的一部分迁移到草原,逐渐进化成现在的长颈鹿;留在森林里的就进化成了獾㹢狓。

我们是这样诞生的!

萨摩麟

生存年代	新生代新近纪(中新世到上新世)
大　小	体长 3 米
食　物	树叶等
栖息地	非洲、亚洲、欧洲

萨摩麟由从森林迁移到草原生活的祖先进化而来。大草原一望无际,为了适应这里的生活,它们的体形逐渐变大,腿和脖子也逐渐变长。它们主要食用草原上生长的树木叶子。

从森林迁徙到草原生活之后，长颈鹿的祖先最先发生的进化是腿变长了。腿变长后，它们就不得不在水塘或者河边蹲下来喝水，很容易受到敌人攻击。而拥有长脖子的长颈鹿不必蹲下就能喝到水，更容易存活。因此后代也继承了这个特点，长颈鹿就进化出了长脖子。

我生活在草原上，是世界上最高的动物。

现在

我留在森林生活，保留了祖先的原始形态。

现在

马赛长颈鹿

生存年代	现在
大 小	包括头部身高 5 米
食 物	金合欢树叶等
栖 息 地	非洲

马赛长颈鹿长长的脖子可以站着喝到水，还可以吃到别的动物够不到的高处的树叶。它们通常 10 只左右成群生活，奔跑速度可达到每小时 50 千米。

番外篇：㺢㹢狓

生存年代	现在
大 小	体长 2 米
食 物	树叶等
栖 息 地	非洲（刚果民主共和国）

1901 年，在刚果的森林里发现的长颈鹿的近亲，保留了祖先的原始特征。起初人们以为它们是斑马的近亲，后来根据蹄子的形状和有无犄角等特点，判断为长颈鹿的近亲。它们的特点是脖子短。

以前的犀牛

现在 **白犀**

约 **4000** 万年前

我的角其实是由类似毛发的物质组成，不是骨头哦……

鼻子上长着两个角。前面的角可以长到1米多长。

上吻很宽，一口可以吃掉许多长在地面的草。

我们有过这样一段历史

讲述祖先的故事
犀牛爷爷（白犀 雄性）

虽然我长得矮胖敦实，但是我的祖先身材苗条。人们经常把它们和马的祖先始祖马（相关内容：第39页）混淆。那时候，祖先们头上还没有长角。它们生活在宽阔的树林里，能够灵巧轻快地在树木之间穿梭。

不长角？！

跑犀 以前

我还没有长出跟头发成分类似的角呢……

体形比大型犬要略微大一点。

腿匀称修长，别名为"奔跑的犀牛"。

啊，果然森林的空气是最棒的！

脚趾的数量和现在的犀牛一样，都是三趾。

犀牛是
这样进化的!

奔跑速度没有大变化，
但体形变大变强壮了!

1500
万年前

4000
万年前

体形小更适合在森林生活。

搬到水边生活后，身体变胖了。

我们是这样诞生的!

跑犀

生存年代	新生代古近纪（始新世到渐新世）
大　小	体长1.5米
食　物	矮木的树叶等
栖息地	北美洲

跑犀是犀牛最古老的祖先之一，还没有长角。它们的近亲巨犀身形长达7.5米，被认为是历史上体形最大的陆地哺乳动物。▶相关内容：第153页

我们是这样诞生的!

远角犀

生存年代	新生代新近纪（中新世到上新世）
大　小	体长3.5米
食　物	树叶与草等
栖息地	北美洲

远角犀的身体像木桶一样圆，四肢较短，外形像河马。它们生活在河流和水塘边，过着两栖的生活。鼻子上长出了角，是与敌人对抗时的武器。

犀牛的祖先在距今约 5000 万年前由马的祖先进化而来。起初体形较小，没有长角，后来体形变大并且遍布全世界。由于气候寒冷，以及与牛的近亲竞争失败等原因，数量逐渐减少。

现在

360 万年前

由于气候变冷，身上长出长毛。

用角与敌人战斗！

我们是这样诞生的！

披毛犀

生存年代	新生代新近纪（上新世）到第四纪（更新世）
大 小	体长 4 米
食 物	草、苔藓等
栖息地	英国、西伯利亚等

披毛犀诞生于冰期气候寒冷的北方地区，全身像猛犸象（相关内容：第 21 页）那样长满了长毛。到距今约 1 万年前仍有生存。出土过保存完好的尸体。

我们是这样诞生的！

白犀

生存年代	现在
大 小	体长 4 米
食 物	草等
栖息地	非洲

白犀的身体和角发生了巨大的进化，体重可以达到 2 吨到 4 吨。因一些人认为"犀牛角可以当作药用来治病"，白犀被人类滥捕滥杀 *，濒临灭绝。

*大量捕捉、杀害动物的意思。

以前的马

现在

马（纯种马）

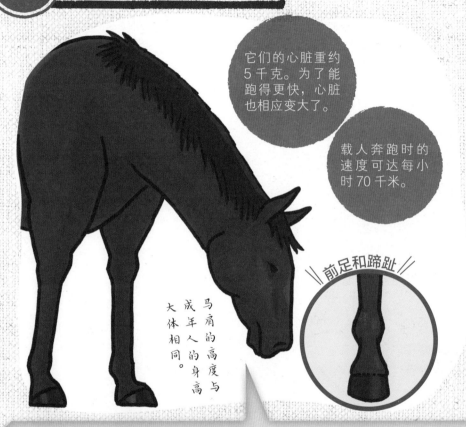

它们的心脏重约5千克。为了能跑得更快，心脏也相应变大了。

载人奔跑时的速度可达每小时70千米。

‖前足和蹄趾‖

马肩的高度与成年人的身高大体相同。

我们有过这样一段历史

讲述祖先的故事
马五郎（纯种马 雄性）

现在，我只有一趾，这样可以将力量集中在一点上，奔跑时蹬地的力量更有劲，所以我跑得非常快！不过，我的祖先前足四趾，后足三趾。因为祖先住在森林里，并不需要跑得快，而且，多脚趾更适合在凹凸不平的地上行走哦！

体形像柴犬？！

始祖马 以前

约 5000 万年前

始祖马身高 40 厘米左右，与柴犬等小型犬大小相同，腿也较短。

现已发现的始祖马臼齿化石与现代马的臼齿形状不同，其形状比起吃草，更适合吃树叶。

我的体形大小跟狗狗差不多！

|| 前足和蹄趾 ||

那时的马蹄声可不是现在的"嗒嗒嗒嗒"声哦！

始祖马在森林里四处漫步，食用树木的嫩芽和嫩叶。

马是 这样进化的!

为了适应快速奔跑，马的腿变长了，脚趾数量减少了!

5000 万年前

前足四趾，后足三趾!

1000 万年前

变成了三趾!

我们是这样诞生的!

始祖马

生存年代	新生代古近纪（始新世）
大　　小	身高 40 厘米
食　　物	嫩芽、树叶等
栖 息 地	北美洲、欧洲

始祖马是马最早的祖先。它们的马蹄小，前足四趾，后足三趾。因为体形较小，人们刚发现始祖马的化石时，并没有想到它们是马的同类。

我们是这样诞生的!

草原古马

生存年代	新生代新近纪（中新世）
大　　小	身高 1 米
食　　物	草等
栖 息 地	北美洲

草原古马的前足变为三趾，中趾变大，有利于跑得更快，而左右两边的脚趾就变小了。它们的牙齿变长，变得能啃食坚硬的草。

地球整体气候变得寒冷干燥，森林面积减少，平原变得广阔。
马的祖先从森林向草原迁徙，为了在广阔的草原上快速奔跑，
躲避食肉目猛兽的追捕，马腿变长了。脚趾数量减少，
马蹄变得大而结实，跑得更快了。

现在

我和我的同类都只有一趾！

约
2840
万年前

我走路的样子像大猩猩吗？

我们是这样诞生的！

马（纯种马）

生存年代	现在
大　小	身高 1.6~1.7 米
食　物	草、麦子、苹果等
栖息地	世界各地

这种马是在 17 世纪，从进化为只有一趾的古马型真马繁衍出来的专用于赛马的品种。后来，人们挑选出优良马匹进行交配，人为地进化出了奔跑速度非常快的纯种马。

我们是这样诞生的！

番外篇：砂犷兽

生存年代	新生代古近纪（渐新世）到新近纪（上新世）
大　小	身高 1.8 米
食　物	树叶
栖息地	亚欧大陆、非洲

砂犷兽与马同属奇蹄目，不过并不是马的直系祖先。它用钩子状的爪子将树枝钩过来后食用树叶。据说，它们为了保护爪子，走路时会握紧拳头。

哺乳类
带甲目

以前的犰狳

尾巴像个带刺的锤子?!

现在

九带犰狳

感受到危险时蜷缩身体保护自己,这只有九带犰狳和三带犰狳能够做到。

据说背上的"铠甲"非常坚硬,连食肉目猛兽的牙齿都无法穿透。

别看我个头小,防御力很强哦!

我们是 这样诞生的!

犰狳用后背的坚硬"铠甲"保护自己。这层铠甲叫作"角质板",骨板外面覆盖着角质板。犰狳属于夜行性动物,白天在巢穴中睡觉,到了夜晚就会出动。视力退化到了几乎看不见的程度,嗅觉发达,靠气味寻找食物。它们是杂食性动物,吃白蚁、蚯蚓、蜥蜴等。

生存年代	现在	大小	体长40厘米	食物	昆虫、小动物、树木的果实	栖息地	北美洲南部到阿根廷之间

人们认为，犰狳的祖先诞生于距今约 5600 万年前的南美洲。曾经存在过许多身体全长达 4 米的巨大犰狳，如今这些巨大的犰狳已全部灭绝。现存的犰狳大部分体形较小。现存体形最大的犰狳体长也只有 1.5 米左右。

约 258 万年前

以前

星尾兽

长长的尾巴最末端长有很多坚硬的刺。它们尾巴像锤子一样挥舞，用来保护自身安全。

虽然长着可媲美铠甲的无敌身躯，可还是灭绝了……

我们是 这样诞生的！

星尾兽长着大大的身体和厚厚的铠甲，以及带刺的像锤子一样的尾巴。在哺乳动物史上，拥有最强"铠甲"和"武器"的星尾兽能够与食肉目猛兽相抗衡，但最终却因环境变化或人类捕杀而彻底灭绝。进化史有时是无情的。强者未必一定能幸存。

生存年代	新生代第四纪（更新世）	大小	全长 4 米	食物	草、树叶等	栖息地	南美洲

哺乳纲
食肉目

以前的大熊猫
是肉食动物?!

现在

大熊猫

▶相关内容:第9页

约**1100**万年前

大熊猫的味觉在 420 万年前就发生了退化。这或许是因为它们进化成了不爱吃肉的草食动物。

每天要吃 10 千克以上的食物……

大熊猫前脚进化出了一块隆起的骨头,能够抓起、握住竹子。在吃竹子和竹叶的过程中,前脚的结构发生了进化。

我们是 这样诞生的!

大熊猫的祖先是肉食动物,为躲避竞争进化成为草食动物。它们的身体进化成了能够以生长在深山里的竹子为食的体质。但是,由于它们的肠道不适合消化植物,只能消化掉吃下食物的两成。为了摄取身体所需的足够营养,大熊猫每天需要花 14 个小时来吃东西,吃以外的时间则用来休息和睡觉。

生存年代	现在	大小	体长1.5米	食物	竹叶、竹子、竹笋	栖息地	中国西南地区的山林

现在的大熊猫只吃竹子。它们以前可是吃其他动物肉的肉食动物。现在的大熊猫牙齿和肠道结构依然与草食动物迥异，更接近肉食动物。大熊猫的进化至今仍有许多未解之谜。据说，在西班牙所发现的大熊猫祖先看起来很像小熊。

以前

克莱特佐伊熊

我是杂食动物，也吃得下坚硬的植物哦！

与现在的大熊猫相比，体形较小，体重仅有 60 千克左右。擅长爬树。

皮毛的颜色还是个谜，据说可能是像大熊猫一样的黑底白斑。

我们是
这样诞生的！

大熊猫最早的祖先，其化石是在西班牙发现的，因此人们认为，大熊猫的祖先可能是从欧洲来到中国的。其详细生态还有很多未解之谜，从它们的牙齿和腭骨化石来看，它们当时已经开始食用坚硬的植物。它们似乎是先从肉食动物进化到杂食动物，再进化到草食动物的。

生存年代	大小	食物	栖息地
新生代新近纪（中新世）	体长 1 米	杂食性（也食用坚硬的植物）	欧洲西南地区的森林

哺乳纲
披毛目

以前的树懒

肌肉很发达?!

现在

二趾树懒

约 **500** 万年前

用长而尖锐的钩爪倒挂在树枝上。

现在地球上有两类树懒：前肢为两趾的二趾树懒和前肢为三趾的三趾树懒。

▶相关内容：第105页

低调就是我的
生存之道……

我们是
这样诞生的!

树懒的祖先最初生活在陆地上，现在的它们则适应了在树上生活。它们属于夜行性动物，夜间出动，白天睡觉。在光线明亮的时间段隐藏起来，从不活动。因为远离陆地上的生存竞争，它们才得以生存下来。它们看起来懒惰的生活方式，其实是一种巧妙的生存策略!

生存年代		大小		食物		栖息地	
	现在		体长60厘米		树叶、果实		南美洲

远古时代的地球上有过身形巨大的树懒——大地懒，它们在地面上生活。但是，在大约 1 万年前，人类侵入它们的栖息地南美洲，为了获取肉和皮毛而大量猎杀它们。因此，大地懒灭绝了，只有体形较小的同类生存了下来，变成了现在的树懒。

大地懒 以前

我曾经用自己巨大的身体和钩爪与人类战斗过？

用前脚的钩爪拉住树枝，用长长的舌头薅下树叶吃。

体长最长达 6 米，能够吃到其他动物够不到的高大树木上的叶子。

我们是
这样诞生的！

大地懒是历史上最巨大的树懒，体格健壮，体重达 3 吨，生活在陆地上，可以将粗粗的尾巴支撑在地面上，与两条后腿配合站立。它们行动迟缓，厚厚的毛皮像骨头一样硬 *，还拥有锐利的钩爪做武器，与肉食性猛兽相比也不逊色。但是，它们却输给了环境变化和有武器的人类……

生存年代	新生代新近纪（上新世）到第四纪（全新世）	大小	体长 6 米	食物	树叶	栖息地	南美洲

*毛皮下面有一层像骨头一样硬的"皮骨"颗粒。

47

以前的猫和狗

现在 **猫（家猫）**

约 5500 万年前

我是擅长爬树的喵星人！

身体柔软，弹跳力强，能够跳到很高的地方。就算从好几米高的地方跳下来，也能毫发无损地安全落地。

心脏和肺都占身体很大的比例，能够像马拉松运动员一样长时间奔跑。

现在 **狗（家犬）**

我是擅长跑步的汪星人！

是同一种动物？！

我是你们的祖先哟……

这是猫和狗共同的祖先。它长得很像现在的鼬和貂。

我们有过这样一段历史

讲述祖先的故事
旺财大叔（家犬 雄性）

汪汪，我的祖先以前生活在森林的树上。据说，它们用锋利的爪子抓小鸟、掏鸟蛋，或者抓蜥蜴一类的东西吃。没从树上掉下来可真是个奇迹！

汪汪？你是说，我的祖先也是喵星人的祖先？这可真是让我大吃一惊啊！

小古猫兼具猫和狗的特征，既有猫一样的利爪能抓捕猎物，腰间的骨头又非常像狗。

49

猫和狗
是这样进化的!

迁移到草原的进化成了狗，
留在森林的进化成了猫!

这两条路选
哪条呢？

森林
草原

变得有点像狗了吧？

5500
万年前

3500
万年前

我们是这样诞生的!

小古猫

生存年代	新生代古近纪（古新世到始新世）
大　　小	体长30厘米
食　　物	鸟类、小动物
栖息地	北美洲、欧洲

小古猫是包括猫和狗在内的所有食肉目动物的祖先。与现在的猫和狗不同，它们会在地面上用脚跟支撑着行走，即使在树上也能保持平衡。

我们是这样诞生的!

黄昏犬

生存年代	新生代古近纪（始新世到渐新世）
大　　小	体长40厘米
食　　物	小动物
栖息地	北美洲

由小古猫的后代进化而来，是最早的犬科动物。与现在的狗不同，它们有着长长的爪子，还保留着爬树的技能。

狗和猫同属食肉目动物。它们共同的祖先原本生活在森林里的树上。后来，它们中的一部分离开森林前往草原进化成了狗；而留在森林里的则进化成了猫。

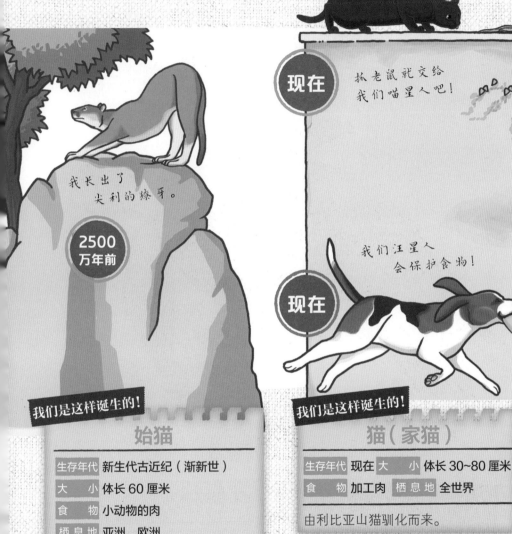

现在

抓老鼠就交给我们喵星人吧！

我长出了尖利的獠牙。

2500万年前

我们汪星人会保护食物！

现在

我们是这样诞生的！

始猫

生存年代	新生代古近纪（渐新世）
大　小	体长 60 厘米
食　物	小动物的肉
栖息地	亚洲、欧洲

由小古猫的后代进化而来，是最早的猫科动物。脖子和头部比现在的猫长。牙齿锋利，在树上捕食小动物。

我们是这样诞生的！

猫（家猫）

生存年代	现在	大　小	体长 30~80 厘米
食　物	加工肉	栖息地	全世界

由利比亚山猫驯化而来。

狗（家犬）

生存年代	现在	大　小	体长 0.3~1.3 米
食　物	杂食	栖息地	全世界

由野狼驯化而来。

以前的乌龟

现在 **绿海龟**

约 **2.28** 亿年前

我的甲壳长达1米呢,
我为它感到自豪!

甲壳很坚固,可以很好地保护身体。据说,甲壳还起到储存所需营养物质的作用。

虽然生活在海里,但不能像鱼一样在水中呼吸,需要时不时地把头探出海面来呼吸。

我们有过这样一段历史

讲述祖先的故事
龟吉三世(绿海龟 雄性)

我们的甲壳是由扁平状的肋骨紧贴脊柱而形成的。骨头的外面覆盖着坚硬的"珐琅",形成了坚固的甲壳。可是,据说我们的祖先还没有长出甲壳。不过,它们长着类似甲壳的肋骨。看看它们的容貌和嘴巴吧!这张龟脸就能证明它们是我们的祖先!

没有壳？！

中国始喙龟 **以前**

还没有长出背甲和腹甲，不过躯干的形状已经长得像甲壳了。

哎呀，我还没有长出甲壳呢！

和现在的龟一样，嘴巴前面有角质喙。

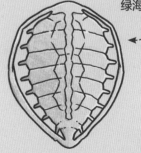

绿海龟的甲骨

中国始喙龟的脊柱和肋骨

中国始喙龟的肋骨还没有紧密相连，而是呈扁平状。

乌龟是 这样进化来的!

骨骼经过超级进化变成了坚固的甲壳! 能在遇到敌人时发挥强大的保护作用!

2.2 亿年前

2.28 亿年前

最初还没有长甲壳呢。

咦? 只有肚子 上长出了甲壳?!

我们是这样诞生的!

中国始喙龟

生存年代	中生代三叠纪
大　小	全长2.5米
食　物	未知
栖息地	中国

中国始喙龟是龟类最早的祖先。虽然没有甲壳,但嘴与现在的龟类一样都长有角质喙。如今的龟类牙齿已经退化,而它们那时的牙齿非常锋利。

我们是这样诞生的!

半甲齿龟

生存年代	中生代三叠纪
大　小	全长40厘米
食　物	未知
栖息地	中国

半甲齿龟是一种原始龟类,长出了腹甲,大概是为了防止水中的天敌从下方攻击,所以先进化出了腹部的甲壳。嘴部不是喙状,长有牙齿。

龟类的祖先是从恐龙时代的爬行动物进化而来的。他们的甲壳是身上骨骼在实现了令人惊异的进化后逐渐长成现在这样的。龟类在进化出坚固的甲壳之后，广泛分布在世界各地的各种环境之中，有在陆地上生活的，也有在水中生活的，还有既能在陆地也能在水中生活的。

现在

甲壳真是龟类的魅力所在啊！

7500万年前

哇！这巨大的体形不输给鲨鱼呢！

我们是这样诞生的！

古巨龟

生存年代	中生代白垩纪
大　　小	全长 4 米
食　　物	菊石等
栖 息 地	北美洲

古巨龟是历史上体形最大的海龟。前肢和后肢进化成了鱼鳍状。如果将前鳍完全张开，宽可达 5 米。用巨大的颌部嚼菊石进食。

我们是这样诞生的！

绿海龟

生存年代	现代
大　　小	全长 1.5 米
食　　物	海草、藻类
栖 息 地	太平洋、大西洋、印度洋

绿海龟是现在地球上体形最大的海龟。幼年时期吃螃蟹和水母，成年后吃海草。雌性绿海龟每次在海岸上产 80 ~ 150 个卵。小海龟从卵中孵出之后再爬回大海。

以前的鲨鱼

现在 噬人鲨

我的牙齿可以换很多次哟!

牙齿尖锐,一颗长达7厘米,里面还长了好几排备用牙齿。

外排的牙一旦有缺损或掉落,里排的牙齿就会迅速顶替其位置。

我们有过这样一段历史

讲述祖先的故事
乔治先生(噬人鲨 雄性)

我们的皮肤粗糙得可以刮萝卜丝。你问为什么?因为我们的鱼鳞和牙齿的材质相同。就好像我们全身都长着坚硬的牙齿一样。不过,我们的祖先更加厉害!它们背上的鱼鳞进化出了许多像獠牙一样的尖刺呢!

背上长牙齿？！

大约 **3.5** 亿年前

形状奇特的背鳍上长着密密麻麻像獠牙一般的尖刺。

背齿用来攻击靠近我的家伙？！

背鳍发生进化，脊背上长出一块凸出的神秘齿板。

啊！

关于这块形状奇特的背齿的作用，有人说是用来捕猎的，也有人说是用来吸引雌性的，总之众说纷纭。其真实作用目前还是未解之谜。

57

鲨鱼是
这样进化的！

鲨鱼的骨头很柔软，皮却很坚硬！
它们不断提升攻击力，成了海洋霸主！

3.5 亿年前

迎来了我们的时代！

人们常说我们跟皱鳃鲨十分相似。

相关内容：第111页

3.7 亿年前

我们是这样诞生的！

裂口鲨

生存年代	古生代泥盆纪
大　小	全长2米
食　物	肉类
栖息地	美国周边

裂口鲨是鲨鱼最古老的祖先。如同导弹般流畅的身体线条、大大的胸鳍和尾鳍让它们看起来与现在的鲨鱼非常相像。它们的牙齿一旦受损就很难再恢复。

我们是这样诞生的！

阿卡蒙利鲨

生存年代	古生代石炭纪
大　小	全长70厘米
食　物	肉类
栖息地	北美洲、欧洲周边

石炭纪是鲨鱼家族繁盛的时期。据说，当时的鱼类有70%都属于鲨鱼家族。不少鲨鱼都像阿卡蒙利鲨一样，进化得各具特色。

鱼类可分为两大类，分别是骨质坚硬的"硬骨鱼纲"和骨质柔软的"软骨鱼纲"。鲨鱼属于软骨鱼纲，最古老的鲨鱼出现在大约4亿年以前。在那之后，鲨鱼进化出了可以多次更换的尖锐牙齿，以及与牙齿相同材质的坚硬鱼鳞，变得十分强大。

2.9
亿年前

他们说我的牙齿长着不可思议的形状，十分奇妙……

在这4亿年间不断进化，如今我已经是世界上最大的肉食性鱼类了！

现在

我们是这样诞生的！

噬人鲨

生存年代	现在
大　小	全长6米
食　物	海豹、海龟和鱼等
栖息地	世界各地

头顶长着感知器官，可以帮助噬人鲨感知生物发射出来的微弱电流，因此即使周围一片漆黑，它们也能准确地掌握猎物的位置。虽然是鱼类中的最强猎手，但在遇到虎鲸的时候也会绕道而行。

我们是这样诞生的！

番外篇：旋齿鲨

生存年代	古生代二叠纪		
大　小	全长3米	栖息地	世界各地
食　物	菊石等？		
分　类	软骨鱼纲全头亚纲		

旋齿鲨是黑线银鲛的亲戚，下巴上长着锯齿状轮盘式的尖牙利齿。它们究竟是怎样用这样的牙齿进食的呢？由于目前只找到了牙齿和下巴的化石，这依旧是个未解之谜！

爬行纲
有鳞目

以前的蛇
长着脚?!

现在

日本锦蛇

就算没有脚，我也可以
爬树和游泳哦!

用舌头接触空气和地面，就可以感受到猎物的气味。嘴可以张得比身体大，能将捕捉到的猎物一口吞下。

没有毒，但幼蛇会长成近似有毒的蝮蛇的模样。颜色和花纹长得接近毒蛇，这样可避免被天敌捕食。

我们是 这样诞生的!

蛇的四肢退化消失了，但拥有发达的脊柱和蛇鳞。人类大概有30根脊柱骨，它们却可达200多根。身体柔软，扭动身体就可以前往想去的地方。腹鳞两侧有很多细小的突起状物，可以用之代替四肢来爬树、爬墙。

生存年代	大小	食物	栖息地
现在	全长2米	鼠和鸟等	日本各地的山林和农田

蛇是由蜥蜴进化而来的。早期曾经有四只脚，为了适应岩石缝里的生活，前肢和后肢发生退化，变成了现在的样子。据说，蛇最早的祖先出现在距今1.5亿年前。它们能够适应世界各地的各种环境，如森林、沙漠、海洋、河川等，现在蛇的种类多达3000多种。

厚针龙 以前

约 9500 万年前

后肢还在，但已经变得非常小了！

特点就是细小的后肢。生活在浅海区，是海蛇的同类。

我们是这样诞生的！

蛇的祖先进化时，先是躯体变长，然后前肢退化，之后是后肢退化。厚针龙虽然没有前肢，但还残留着很小的后肢。近年的研究发现，蛇曾在7000万年间残留有后肢，小小的后肢有助于它们在当时生存。

生存年代	大小	食物	栖息地
中生代白垩纪	全长1.5米	肉食（鱼、虾?）	以色列周边海域

两栖纲
无尾目

以前的蛙类

吃恐龙？！

现在

日本树蟾

约7000万年前

我喜欢吃蚂蚱、蜘蛛之类的虫子。

身上颜色和花纹会随着周围环境的改变而变成黄绿色、褐色斑纹等。冬天会在地底下冬眠，体表呈现褐色斑纹。

只有雄性蛙会发出叫声。蛙鸣叫时，声囊向外鼓出，使声音变得洪亮。雄性蛙通过鸣叫来吸引雌性，以及宣告自己的地盘。

我们是
这样诞生的！

蛙类由两栖动物的祖先进化而来。其特点是幼体（蝌蚪）在水中生活，成体到陆地上生活。幼体没有四肢，通过摆动带鳍的尾巴游动。伴随着成长，它们长出后肢、前肢，尾巴逐渐消失。现在，世界上共有包括日本树蟾在内的约6500种蛙类。

生存年代	现在	大小	体长4厘米	食物	昆虫、蜘蛛等	栖息地	日本、中国、韩国等

蛙等两栖动物是由来到陆地生活的鱼类进化而来。以两栖动物为代表的四足动物的四肢是由鱼鳍变化而来的。在大约 2.5 亿年前，蛙最早的祖先由两栖动物的祖先进化而来。它们的后肢发达，擅长跳跃，但是尾巴发生了退化。

魔鬼蛙的名字从字面上理解是"魔鬼的蛙"。

魔鬼蛙 以前

我是个贪吃鬼，能将大个头的猎物整个吞下！

我们是
这样诞生的！

魔鬼蛙与恐龙生活在同一时代，是历史上最大的蛙类。它们的体形巨大，体重达 4.5 千克。它们和现在的角蛙相近，会埋伏等待，将猎物咬住后整个吞下。它们具有尖锐的牙齿和强有力的颌部，甚至会吃刚刚孵出来的恐龙幼崽。

生存年代	中生代白垩纪	大小	体长 40 厘米	食物	恐龙幼崽等？	栖息地	马达加斯加

以前的鸟竟然是恐龙?!

现在

安第斯神鹫

能在空中翔翔才是最厉害的!

用尖锐的大喙撕开动物尸体的皮,食其肉。在空中沿着海岸盘旋飞翔,寻找海豹等动物的腐尸。

翅膀在现存的鸟类中是最大的。左右翼展开后可达 3 米。

约 6600 万年前

我们有过这样一段历史

讲述祖先的故事
神鹫大哥(安第斯神鹫 雄性)

听说,我们鸟类的祖先是从恐龙中的"虚骨龙"进化而来的。为了保持体温而长出的毛进化成了翅膀,并且变得能够在空中飞翔。赫赫有名的霸王龙其实也是虚骨龙的近亲,所以人们猜测,霸王龙或许也长着羽毛。

据说,如果霸王龙有羽毛,那很可能是长在头部后面到背部中央的位置。

体形硕大
才是最厉害的！

用巨大的下腭和锋利的牙齿，把猎物连骨头带肉一起咬碎吃掉。咬合力量是鳄鱼的 3.5 倍左右，一颗牙齿的长度长达 30 厘米。

前肢很短，有说法认为霸王龙用长而锋利的爪子撕裂猎物的皮肉。

鸟是
这样进化的!

身上的羽毛进化成翅膀,变得会在空中飞翔!

长有毛茸茸的羽毛,很暖和。

翅膀有是有,但不能飞,就像鸵鸟一样。

7500万年前

1.3亿年前

我们是这样诞生的!

中国鸟脚龙

生存年代	中生代白垩纪
大　小	全长1米
食　物	小动物的肉、昆虫等
栖息地	中国

中国鸟脚龙的化石上有羽毛的痕迹,这一发现证明,恐龙是有羽毛的。全身覆盖着5毫米长的橘色羽毛,尾巴上的颜色呈条纹状。

我们是这样诞生的!

巨盗龙

生存年代	中生代白垩纪
大　小	全长8米
食　物	杂食性(蛋、树上果实等?)
栖息地	中国、蒙古国

巨盗龙拥有近似鸟类的喙与头顶红色肉冠,虽然有翅膀,但因为体格硕大飞不起来。孵蛋时身体全卧于巢穴上为蛋保温。

6600 万年前

现在人们认为，鸟是由长着羽毛的恐龙进化而来的。恐龙的羽毛是部分皮肤发生变化形成的，可以为身体保暖，也可以用于同伴之间的交流。拍打由羽毛进化来的翅膀，能在天空中飞行的这个种群便是鸟。恐龙灭绝后，鸟的种类增多，现在世界上约有 1 万种。

能在空中自由飞翔可真方便呀！

你们就这么在意我有没有长羽毛吗？

现在

我们是这样诞生的！

霸王龙

生存年代	中生代白垩纪
大　　小	全长 12 米
食　　物	动物的肉
栖 息 地	北美洲

霸王龙是体形最大、最强的肉食性恐龙，据说可能长有羽毛。已发现带有鳞状皮肤的霸王龙化石，因此即使长有羽毛，也很可能只是身体上某个部分长着羽毛而已。

我们是这样诞生的！

安第斯神鹫

生存年代	现代
大　　小	体长 1.3 米
食　　物	动物尸体的腐肉
栖 息 地	南美洲

安第斯神鹫是拥有巨大翅膀的肉食性鸟类。它们展开像滑翔机似的翅膀，借助风力飞翔。在悬崖绝壁上筑巢，幼鸟成年前与父母一同生活。据说，夫妻终身相伴。

以前的人类

现在 **人类（智人）**

嘴巴扁平。头骨后方圆圆的并向外鼓出，变得能够容纳更大的脑容量。脑容量约为南方古猿的四倍。

这是我的祖先？

约 440 万年前

体毛较浅，皮肤露在外面。这是因为人类的祖先在走出森林来到平原后，搜寻食物时需要四处奔走，为防止体温升得过高，体毛发生了退化。

人脑在 10 到 12 岁时长成与成人相同的大小。现代人的脑容量约为 1350 毫升，南方古猿的脑容量约为 350 毫升。

我们有过这样一段历史

讲述祖先的故事
小进同学（人类 小学四年级男生）

很久很久以前，我们的祖先生活在森林里，有点像黑猩猩，已经开始用两条腿走路，但还不能走或跑较长的距离。他们来回穿梭于树上和地面。要是浑身毛发浓密，就不用穿衣服了，那可就太方便了！

浑身是毛?!

长着一张猴子的脸,却用两条腿直立行走?

胳膊比人长,手指甲和脚指甲也很长。擅长爬树、悬在树枝上。也能用两条腿站立行走。

嘴向前微突,头骨后侧较小,脑袋也较小。

和黑猩猩等一样,全身都是毛。

找到好吃的果实啦!

南方古猿脚上的大拇指很长,适合生活在树上。由此可见,它们具备人类从树上迁徙到陆地上生活这一进化阶段的特征。

哺乳纲
灵长目

人类是
这样进化的！

用两条腿走路，会用双手制作工具！

440
万年前

最初生活在森林中。

240
万年前

我试着制作了石器？

我们是这样诞生的！

南方古猿

生存年代	新生代新近纪（上新世）
大　小	身高 120 厘米
食　物	小型动物的肉、果实等
栖息地	埃塞俄比亚

南方古猿是人类最古老的祖先，目前已发现南方古猿的全身化石。它们既拥有黑猩猩一样的类人猿的特点，还具有双腿行走的特点。

我们是这样诞生的！

能人

生存年代	新生代第四纪（更新世）
大　小	身高 100~135 厘米
食　物	动物的肉、果实等
栖息地	坦桑尼亚、肯尼亚等

能人能够用力击打石头，使石头裂开，将尖尖的部分制作成像刀一样的工具。会用石器剥动物皮、切割动物肉，大脑发生了很大进化。

人类的祖先是从生活在森林里的猿猴近亲中进化诞生的。人类的最大特征是用两条腿行走，能够灵活运用双手，因此也能自由地制作工具。可食用的食物增多了，于是大脑发生了大幅进化。大脑变得发达，人们可以用语言传达对彼此的关心或者想法，能够在大规模集体里共同合作生活。

180
万年前

我已经用火烤食物了！

约20
万年前

开始过大规模群居生活。

我们是这样诞生的！

直立人

生存年代	新生代第四纪（更新世）
大　小	身高 145~185 厘米
食　物	动物的肉、果实等
栖息地	非洲、中国、印度尼西亚等

直立人能将石头的两面削成尖尖的形状，会使用超级方便的石器（手工斧头）。大脑进一步发生巨大的进化，或许已会用火烤肉，获得了更多的营养。

我们是这样诞生的！

智人

生存年代	约 20 万年前到现在
大　小	身高 160~180 厘米
食　物	动物的肉、果实等
栖息地	世界各地

智人能够集体合作狩猎大型动物，培育作物发展农业。智人遍布全世界，在大规模集体中生活，创造了城镇和国家，构筑了文明。我们人类诞生了！

第2章

\不比不知道，/
\一比吓一跳！/

几乎没有变化？！
太牛了吧！

至今仍保持远古时期模样的生物

有的生物在进化过程中形态发生巨变，而有的生物却
与远古时期几乎没有变化。

后者的形态与远古地层中发现的其祖先化石非常相
似，因此也被称为"活化石"。

在如此漫长的时间中，它们为什么能不发生改变而存
活下来呢？

对照人类的历史，比一比、看一看它们的悠久历史吧！

本章的阅读方法

人类的祖先南方古猿诞生于约 440
万年前（参见第 69 页）。与人类相
比，被称为"活化石"的生物们的
历史究竟有多悠久呢？
用物种"出现时间轴"来比一比吧！

用物种"出现时间轴"来比一比吧！

超牛！

我早在恐龙时代之前就诞生了！

※ 本章中介绍的生物出现年代有时也
包括其祖先出现的年代。

鹦鹉螺早在
5 亿年前 *
就出现了?!

出现
时间轴

5 亿年前

在这里

4 亿年前

3 亿年前

2 亿年前

1 亿年前

人类诞生

现在

鹦鹉螺利用聚集在壳中气体的力量,在水中游动。乌贼、章鱼与鹦鹉螺同属头足纲,它们的壳在进化的过程中退化消失了。

在海底过悠闲的生活,这就是我们长寿的秘密。

能够生存
下来的原因

鹦鹉螺的祖先曾经生活在浅海。在长着强壮下巴的鱼和游得很快的菊石诞生之后,鹦鹉螺在竞争中落败,被赶到了深海。6600 万年前,巨大的陨石撞击地球,许多生物灭绝,而生活在深海的鹦鹉螺躲过了这场灾难,幸存了下来。

分类	头足纲 鹦鹉螺目	大小	壳的直径为 20 厘米	食物	死鱼和螃蟹 蜕去的壳	栖息地	印度洋到太平洋 一带的热带海域

* 鹦鹉螺的同类出现的年代(古生代寒武纪)。

鹦鹉螺虽然长着像海螺一样的壳，却与乌贼和章鱼同属头足纲。它的历史可以追溯到距今约 5 亿年前。它的壳早期多是笔直的或者卷曲度不大。2 亿年前的地层中发现的化石与现在的鹦鹉螺几乎一样。它的生活十分节能，游得很慢，一周吃一次死鱼就足以活下去。

通过从名为"漏斗"的孔穴里吸入海水并喷出的方式向后方游动。乌贼和章鱼等也是通过这种方式在海里游动的。

曾经的海中王者！
如今过着隐居生活……

鹦鹉螺的同学 **菊石**

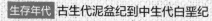
生存年代 古生代泥盆纪到中生代白垩纪

要是我们也住在深海就好了！

它们是从鹦鹉螺进化而来的，是鹦鹉螺的亲戚。从古生代开始遍布全世界的海洋，繁荣期超过 3 亿年，中生代末期与恐龙同时灭绝。它们与鹦鹉螺不同，哪怕在竞争对手较多的浅海中也能够生存并且数量有所增加，但是正面遭遇了陨石撞击，导致灭绝。

昔蜓早在

1.5 亿年前*

就出现了?!

出现
时间轴

5 亿年前

4 亿年前

3 亿年前

2 亿年前

在这里

1 亿年前

人类诞生

现在

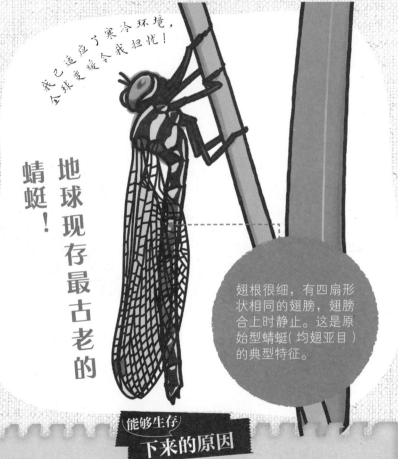

我已适应了寒冷环境，全球变暖令我担忧！

地球现存最古老的蜻蜓！

翅根很细，有四扇形状相同的翅膀，翅膀合上时静止。这是原始型蜻蜓（均翅亚目）的典型特征。

能够生存
下来的原因

2 万年前，昔蜓曾广泛分布于亚洲。因适应了寒冷环境，它们熬过了严寒的冰期幸存下来。然而，当冰期结束气候变暖时，它们无法适应气候变化而在众多地区灭绝。幼虫只能在水温较低的溪流中存活，在野外十分罕见。

分类 昆虫纲蜻蜓目（间翅亚目）

大小 体长约 5 厘米

食物 水生昆虫和小型昆虫

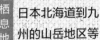
栖息地 日本北海道到九州的山岳地区等

*昔蜓的同类出现的年代（中生代侏罗纪）。

楔齿蜥早在
2 亿年前 *
就出现了?!

我生活在岁月静好的
小岛上，所以得以幸存！

身体可适应寒冷环境，体温在 5~10℃。在其他爬虫类无法适应的 10℃ 以下的寒冷环境中仍可以活动。

行动缓慢，生长速度也缓慢。寿命很长，可长达 100 年以上。

拥有第三只眼！古代
爬行动物的幸存者！

出现时间轴

5 亿年前

4 亿年前

3 亿年前

在这里

2 亿年前

1 亿年前

人类诞生

现在

能够生存
下来的原因

这种爬行动物在恐龙时代曾经十分繁盛。如今，只有新西兰的无人岛上还能看到。它们比其他爬行动物更耐寒，生活在外敌较少入侵的岛屿。头顶上长着第三只眼——颅顶眼，会随着生长隐入眼皮。这是原始型脊椎动物特有的感光器官。

分类	大小	食物	栖息地
爬行纲喙头目	全长 60 厘米	昆虫和蜥蜴	新西兰

* 楔齿蜥的同类出现的年代（中生代三叠纪）。

腔棘鱼早在 4 亿年前* 就出现了?！

出现
时间轴

5 亿年前

4 亿年前

在这里

3 亿年前

2 亿年前

1 亿年前

人类诞生

现在

太没礼貌了！
我还没灭绝呢！

能够生存 下来的原因

现在的腔棘鱼生活在深海，那里的水温和水质非常稳定，很少有外敌入侵，不容易受到陆地上环境变化和生存竞争的影响，也正是因为这一点，它们才能存活至今。腔棘鱼长着大大的、有骨头的鱼鳍，这是鱼类向两栖类等四足动物进化的中间阶段所具有的特征。

分类	大小	食物	栖息地
硬骨鱼纲 腔棘鱼目	体长1.8米	鱼类和乌贼	非洲东南部的深海

* 腔棘鱼的同类出现的年代（古生代泥盆纪）。

白垩纪之后的地层里从未发现腔棘鱼的化石，因此人们一度认为腔棘鱼也在白垩纪末期陨石撞击后灭绝了。1938年，南非的渔民偶然捕获到一条奇怪的鱼，当人们发现这是腔棘鱼时，整个世界都为之震惊！这个发现被称为"20世纪动物学最大的发现之一"。

今天幸存的腔棘鱼是以前就居住在深海的腔棘鱼的后代。

发现了原以为已灭绝的
腔棘鱼，全世界为之沸腾！！

它的一大特点是带有骨头和关节的大型鱼鳍。腔棘鱼前后摆动这些鱼鳍来游动，看起来像是在水里走路。

已灭绝
腔棘鱼的同学　三角龙

生存年代 中生代白垩纪末期

我因为陨石撞击走向了灭绝……

中生代时，腔棘鱼的同类在全世界的水域里非常繁盛，陆地则是恐龙的天下。然而，中生代（白垩纪）末期巨大的陨石撞击地球，除了进化成鸟类的部分恐龙之外，其他的恐龙都灭绝了。三角龙就是恐龙时代末期的一种草食性恐龙。

苏铁和银杏早在 **2 亿多年前** * 就出现了？！

以前，草食性恐龙经常以我为食。

出现
时间轴

5 亿年前

4 亿年前

3 亿年前

在这里

2 亿年前

1 亿年前

人类诞生

现在

银杏的同学"
恐龙时代盛极一时！

树干凹凸不平，树叶硬而结实，长在海岸边的岩石丛中。

能够生存下来的原因

苏铁的同类在古生代末期到中生代之间的时期里，曾在全世界繁盛生长。现在的苏铁根部居住着很多蓝藻（参见第88页），苏铁可以从这些蓝藻那里吸收到充足的养分。因此，苏铁能在其他植物无法生存的土地上繁衍不息，存活至今。

分类	大小	食物	栖息地
苏铁科苏铁属（裸子植物）	树高 2~4 米	光、水和二氧化碳（光合作用）	中国、日本

* 苏铁和银杏的同类出现的年代（古生代末期到中生代初期）。

海里诞生的绿藻在约 4.5 亿年前来到陆地，进化为苔藓植物，为陆地植物进化史拉开帷幕。之后出现了结构更加复杂的蕨类植物，进化出了可以开花结种的种子植物。苏铁和银杏将苔藓和蕨类等原始型植物的特征保留至今。

野生银杏
濒临灭绝！

以前银杏的同类有 17 种，如今仅剩 1 种存活。

恐龙肚子里发现了银杏果的化石！

能够生存下来的原因

在中生代，银杏的同类曾广泛分布。然而，由于气候变化，以及在生存竞争中败下阵来，除了现在可见的银杏树种之外，其余同类都灭绝了。幸存下来的只有长在中国南部山地的品种，人类将这种银杏树作为行道树栽种，并将它们带到了世界各地，因此银杏树的数量又多了起来。野生银杏是濒危植物，仅在中国有分布。

分类	银杏科银杏属（裸子植物）	大小	树高 8~30 米	食物	光、水和二氧化碳（光合作用）	栖息地	中国（野生种）

鸭嘴兽早在 1亿年前* 就出现了?!

探索哺乳动物 起源的奇珍异兽!

出现时间轴

5亿年前

4亿年前

3亿年前

2亿年前

在这里

1亿年前

人类诞生

现在

虽然产卵,却用母乳喂养幼崽。没有乳头,通过腹部的"乳腺区"将母乳像汗液一样分泌出来。

哺乳动物产卵有那么稀奇吗?

掌上有蹼,擅长游泳。

能够生存下来的原因

鸭嘴兽因卵生而被认为是最原始的哺乳动物。哺乳动物是从产卵的"下孔类"进化来的。鸭嘴兽是少有的至今仍保留了远古生物特征的动物。它们有很多竞争对手,比如袋鼠等,但由于它们选择住在竞争对手较少的水畔,因而得以存活至今。

 分类 哺乳纲单孔目

 大小 体长40厘米

 食物 水生昆虫、甲壳类和鱼等

 栖息地 澳大利亚的河流和湖泊沼泽

*鸭嘴兽的同类出现的年代(中生代白垩纪)。
近年的基因研究认为,它们的分支是在约1.7亿年前从与人类共同的祖先中分离出来的。

几乎没有变化?!
太牛了吧!
牛气值 ★★☆

鲎虫早在
3.5 亿年前 *
就出现了?!

出现
时间轴

5 亿年前

虫卵具备超级无敌的
防灾避难功能!

卵中的生命能在恶劣环境下休眠很多年。

4 亿年前

在这里 → 3 亿年前

与水蚤是近亲,
寿命为 1 到 2 个
月。雌性一生能产
500~2000 个卵。

2 亿年前

1 亿年前

人类诞生

现在

能够生存
下来的原因

鲎虫生活在其他生物难以存活的定期干涸的池塘、沼泽地等。它们的卵被称为"休眠卵",变干后如果不浸入水中不会孵化。虫卵耐热、耐旱、耐寒,孵化之前可在多年内保持休眠状态。虫卵发生了特殊的进化,能在特殊环境下孕育子孙,所以能够存活至今。

分类	甲壳纲背甲目	大小	体长 2~3 厘米	食物	水藻、浮游生物、动物遗骸	栖息地	全世界的池塘沼泽地

* 发现和现存种类十分相似的化石出现的年代(古生代石炭纪)。
在 2 亿年以前(中生代三叠纪)的地层中发现了现存种类的化石。

鲎早在
4.5 亿年前 *
就出现了?!

出现
时间轴

5 亿年前

在这里

4 亿年前

3 亿年前

2 亿年前

1 亿年前

人类诞生 ★

现在

人类用我的血研发药品呢!

它的血是蓝色的,
救了很多人的命!

能够生存
下来的原因

鲎的血液拥有特殊能力,可以防止细菌感染。鲎的卵被结实的膜保护着,耐旱,能够安全地孵化后代。冬天可以无须进食,在海底休眠半年以上。获得了多项这类适应严峻环境的能力,大概是它们存活至今的理由之一吧。

分类	大小	食物	栖息地
肢口纲剑尾目	全长 70 厘米	沙蚕、贝类	亚洲、北美洲的潮滩

* 鲎的同类的出现年代(古生代奥陶纪)。
在约 2 亿年前的地层发现了与现存物种几乎完全一样的化石。

▶相关内容:第147页

鲎是从 5 亿年前的古生代大量生存下来的三叶虫进化而来的。 ▶相关内容：第147页 三叶虫的同类在古生代末期灭绝了，但鲎却一直存活到现在，还被用于医学药品的开发等，为拯救我们人类的生命做出了贡献。

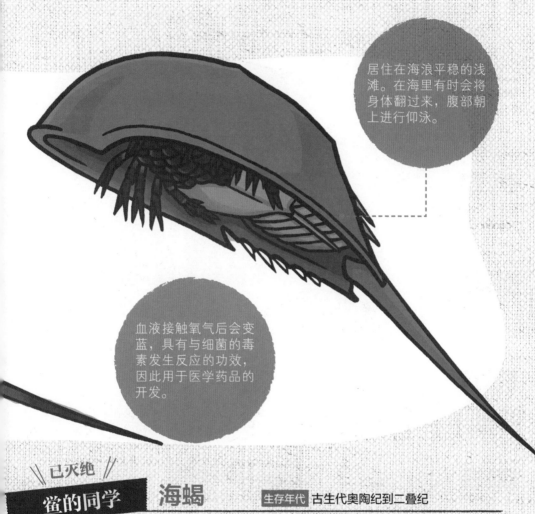

居住在海浪平稳的浅滩。在海里有时会将身体翻过来，腹部朝上进行仰泳。

血液接触氧气后会变蓝，具有与细菌的毒素发生反应的功效，因此用于医学药品的开发。

已灭绝

鲎的同学 海蝎

生存年代 古生代奥陶纪到二叠纪

居然能逃脱那场生物大灭绝，可真厉害啊……

与鲎一样，海蝎也是从三叶虫进化而来的。大约 2.5 亿年前，发生了一次全球规模的火山大爆发，海中的氧气含量减少，引发了地球 90% 以上的生物物种灭绝的"二叠纪大灭绝"，海蝎也未能幸免。

蒲氏黏盲鳗早在
5亿年前 *
就出现了?!

出现时间轴

5 亿年前

在这里

4 亿年前

3 亿年前

2 亿年前

1 亿年前

人类诞生 ★

现在

头部下方长着圆形的嘴巴，没有分成上下两部分的颌骨。这是最原始的鱼拥有的特征，被称为"无颌类"。

这种黏糊糊的黏液甚至可以击退鲨鱼！

感受到压力的时候，会从身体的黏液孔里喷射出秒速一升的黏液。

有时会被人类炒着吃的活化石。

能够生存
下来的原因

蒲氏黏盲鳗的同类大多生活在深海的海底。海底环境变化小，便于生存。遭遇敌人袭击时，它们进化出了喷射黏液保护自己的能力。这种黏液进入口腔或者腮后会令敌人不能呼吸，因此一旦受到蒲氏黏盲鳗的这种反击，就算是鲨鱼也得逃之夭夭。

分类	大小	食物	栖息地
盲鳗纲盲鳗目	全长 60 厘米	鱼腐肉等	东亚的海底

* 蒲氏黏盲鳗的同类出现的年代（古生代寒武纪）。

鸭嘴海豆芽早在
5 亿年前 *
就出现了?!

▶相关内容：第147页

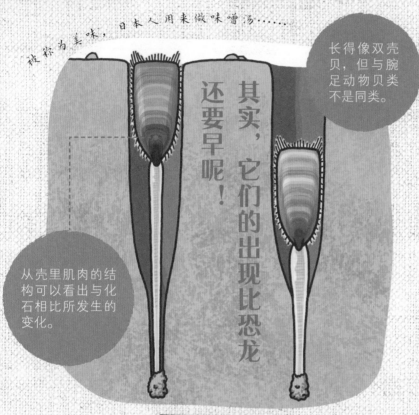

被称为美味，日本人用来做味噌汤……

其实，它们的出现比恐龙还要早呢！

长得像双壳贝，但与腕足动物贝类不是同类。

从壳里肌肉的结构可以看出与化石相比所发生的变化。

出现时间轴

5 亿年前

在这里

4 亿年前

3 亿年前

2 亿年前

1 亿年前

人类诞生

现在

能够生存
下来的原因

在鸭嘴海豆芽所生活的潮间带，潮水涨退和水温变化十分剧烈。只有少数生物可以适应这样特殊的环境，因此少有竞争对手和外敌入侵，有利于物种生存。它们的同类在古生代时曾遍布全世界，但由于人为和自然因素导致环境变化，如今鸭嘴海豆芽数量急剧减少。

分类	大小	食物	栖息地
无铰纲无穴目（腕足动物）	壳长 4 厘米	浮游生物和其他生物的尸骸	日本本州到印度洋的潮间带

* 鸭嘴海豆芽近亲在内的腕足动物出现的年代（古生代寒武纪）。

蓝藻早在
25 亿多年前 *
就出现了?!

5 亿年前 · · · 10 亿年前 · · · 15 亿年前

4 亿年前

3 亿年前

2 亿年前

难怪，地球之所以能有今天的样子，或许是我们的功劳哦……

它们给地球
带来了氧气，是生命之母！

1 亿年前

人类诞生

现在

能够生存
下来的原因

蓝藻是最早从光、水和二氧化碳中提取能量，进行光合作用吐出氧气的生物。当时的地球上进行光合作用所需的材料十分充沛，它们又拥有极强的生命力，无论在沙漠还是深海都能存活，因此能够在25 亿多年里生生不息。直到今天，它们仍然广泛存在自然界中，例如海洋、河流等水域，以及动植物体内等。

分类	大小	食物	栖息地
蓝藻门	直径 0.005 毫米	光、水和二氧化碳（光合作用）	自然界（海水、淡水、土壤、冰川等）

* 关于蓝藻的出现时间有多种说法，大体上出现在约 25 亿年前或者更久远的年代。

蓝藻是最古老的生命体之一，也是年代最久的放氧生物。在距今约25亿年前，地球上几乎没有氧气，只存在一些靠吸收二氧化碳存活的微生物。蓝藻诞生后进行光合成作用放出大量氧气，使地球环境发生了剧烈变化。以此为契机，地球上诞生了以氧气为生的生物，它们的身体发生了复杂的变化，进化出了多种多样的生物。▶相关内容：第143页

在这里

20 亿年前　　　　　　　　　25 亿年前　　　　　出现时间轴

蓝藻附着在海中的岩石上，形成了"叠层石"。从上古的地层中已发现大量叠层石化石。

现在，在澳大利亚的鲨鱼湾还能找到由蓝藻构成的新生叠层石。

存活至今
蓝藻的同学　产甲烷菌　　生存年代 上古至今

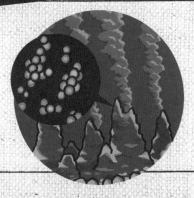

我们已经在地球上生活了35亿年了！

距今约35亿年前，从深海的热泉喷出孔中诞生的古细菌的同类，是最古老的生命体之一。现在依然广泛生存在自然界的无氧环境，例如沼泽、水田、海底和牛的肠道内。它们可以从二氧化碳等中生成甲烷。

\不比不知道，一比吓一跳！/

生物多样性超牛！

虽然在同一片草原生活……

日 白天的草原

狮子
白天在树荫下休息，几乎不捕猎。

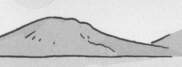

非洲水牛
吃吃草，泥潭里面洗洗澡。

非洲象
边吃草边走路，一天可以走30多千米。

尼罗鳄
岸边晒太阳，让身体暖和起来。

河马
阳光会把皮肤晒干，所以要待在水里。

在宽广无垠的非洲大草原上，生活着各种各样的动物。在日光强烈的白天，有的动物躲在阴凉地或是水边休息，也有的动物精力充沛地到处活动。动物们各有各的行为习惯。

现在地球上有超过 870 万种生物。很久很久以前诞生的生命，在漫长的岁月里，在世界各地发生了不同的进化，分别进化成了形态各异的生物。即便生活在同一地区，生物们也各有各的特点。比一比它们在白天和夜晚的行动，就能了解它们之间的差异！

生活习性完全不同！

夜晚的草原 夜

非洲象
绝大部分站着睡觉。睡眠时间为两小时左右。

非洲水牛
站着睡觉。睡眠很浅，时刻警惕着敌人。

河马
上岸吃草，黎明时回到水里。

狮子
雌狮们合作去狩猎，雄狮则负责巡逻领地。

尼罗鳄
捕食鱼或水边的动物。夜晚更加活跃。

到了夜晚，多数肉食动物开始捕猎。它们之所以昼伏夜出，是因为夜间比白天凉爽，可以用较少的能量完成狩猎。与此同时，草食动物们一边防备肉食动物的袭击，一边成群结队地睡觉。

\ 大家各不相同 /

才能一起生活！

同是草食动物……
吃的部位各不相同！

虽然都吃地面上的同一种草，但大家吃的部位各不相同。所以，不用担心争抢食物！

斑马 — 草的尖端

斑纹角马 — 草的中间

汤氏瞪羚 — 草的根部

同是肉食动物……
捕食时间各不相同！

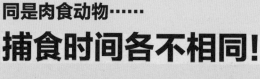

猎豹 — 明亮的白天活动

猎豹白天疾速追捕猎物。狮子晚上借着夜色猎食。因为捕猎时间各不相同，即便食性相同也不必担心争抢猎物！

为什么生活在同一片热带草原的动物会有完全不同的生活方式呢？这就是进化带来的结果，它们已经形成了互不冲突的生存方式。大家睡在不同的地方，吃不同的食物，在不同的时间段活动，就不会发生无谓的争夺了。因为大家各不相同，所以能在同一个世界共同生存。

同是鸟类……
筑巢地点各不相同！

鸵鸟 草原的地面

火烈鸟 盐水湖和浅滩

秃鹫 悬崖和树上

筑巢地点各不相同，所以都能安心抚养小宝宝！

狮子 傍晚和夜间活动

生命的历史在漫长的岁月中得以延续，正是因为生物多样性的存在。每个物种习性都不一样，所以无论在哪个时代，总会有生物能够生存下来！

也有社会？！

友情 老鼠"知恩图报"！

上次多谢你哟！
这个是送给你的谢礼！

哇！ ♥

据说，老鼠会记得帮助过自己的同伴并报恩。它们会把食物分给自己的同伴当作回礼，帮助有困难的同伴，从而加深彼此之间的联系。老鼠的世界也很重情重义呢。

恋爱 缎蓝园丁鸟 越"时尚"越有魅力！

我家很时尚吧？
要不要进来坐一坐？

雄性缎蓝园丁鸟会收集雌鸟喜欢的蓝色物品，打造出时尚的"花园别墅"。它们会用花瓣、果实和玻璃片把巢穴装饰得很漂亮，邀请雌鸟与它们约会。装饰得越漂亮，就越受欢迎。

对生物来说，自己和同伴能够生存并且繁育后代是至关重要的。为此，许多生物进化出了群体相互合作，通过沟通加深羁绊的方法。它们的做法和行为与我们人类非常相似。一起来看看动物的社会吧！

工作 狼群组成团队狩猎!

狼会形成狼群，分工狩猎。狼群一起围着猎物跑，让猎物疲于奔命，然后由边狼上前阻止猎物活动，最后由头狼向猎物发起致命一击。在狼的社会里，团队合作也是做好工作的前提。

救命！

通过团体合作
成功狩猎!!

育儿 雄性绒顶柽柳猴负责育儿!

背孩子
是我的职责！

绒顶柽柳猴生活在亚马孙森林的树上，雄性背着孩子，负责育儿。雌性每半年生产一次，所以雄性需要帮助忙于生产的雌性。夫妻合作，加深了家庭成员之间的羁绊。

第3章

这竟然是同类?！
太牛了吧！

虽说是同类，特征大不一样

生物可以按特征分为几个不同的大类，比如用母乳哺育
孩子的哺乳动物，用鳃呼吸、长有鳍和鳞的鱼类，等等。
但是，即使属于同一类，生物之间有时也具有截然不同
的特点。那是因为，它们为了生存，进化出了适应其生
活环境的形态和能力。
进化让生物的形态和生活方式变得多样化。
到底有多么不同呢？来比一比，看一看吧！

本章的阅读方法

比一比左右两页，找一找同类生物
截然不同的特征吧！想一想，它们
到底有什么不同？为什么不同？一
起来探寻生物特征的缘由，以及生
物进化的奥秘吧！

比一比，看一看究竟哪些特征不同吧！

超牛！

同样是鸟类，羽毛颜色大不一样！

同样是哺乳动物，睡眠

长

考拉

睡眠时间

醒着的时间

一天要睡20个小时！

考拉的盲肠特别长，里面住着帮助消化桉树叶的肠菌。考拉的肝脏特别强健，具有分解桉树树叶毒素的能力。

多睡觉是为了节约能量……

为什么考拉总是在睡觉?

考拉赖以为食的桉树叶纤维多，难消化，还含有毒素，营养也不多。考拉吃掉桉树叶后要花很长的时间来消化，所获取的能量也不多，所以考拉几乎整天都在睡觉。它们进化出了能吃其他生物吃不了的有毒树叶的能力。这种进化可真牛啊！

分类	大小	食物	栖息地
哺乳纲有袋目	体长 75 厘米	桉树叶等	澳大利亚东部森林

时间大不一样！

睡眠时间

醒着的时间

网纹长颈鹿 短

一天只睡2个小时！

睡觉时狮子来了就糟了！

生物长时间不睡觉，大脑里就会积存一种"催眠物质"。而长颈鹿、大象和马的体质不容易积存这种物质。

为什么长颈鹿不怎么睡觉？

据说动物的睡眠时间是由它们的生活习惯和栖息地的安全状况决定的。野生长颈鹿一天只睡 1~2 个小时，休息的时候还要警惕周围的环境。因为是站着睡觉，所以危险来临的时候能够马上逃跑。成年长颈鹿一天只有 20 分钟会卧在地上垂下头熟睡。

分类	大小	食物	栖息地
哺乳纲偶蹄目	体长 4 米	金合欢等的树叶	撒哈拉沙漠以南的热带草原

同样是鸟类，**飞行**

长

北极燕鸥

一年相当于绕地球飞 2 圈！

世界上迁徙距离最长的候鸟。一生中飞行的总距离达240万千米，相当于从地球到月球往返 3 次。

一年能飞 8 万千米，平均每天飞行 222 千米！

为什么北极燕鸥要飞这么远？

北极燕鸥它们为了过夏天，每年都要在北极和南极之间往返。北半球和南半球的季节正好相反，所以它们在北极的夏天结束后便飞往南极继续过夏天。人们认为，它们之所以迁徙距离那么长，是为了避开与其他生物竞争，更安全地养育后代，以及保证充足的食物。

分类	大小	食物	栖息地
鸟纲鸻形目	体长 36 厘米	小鱼、小虾和小螃蟹	夏天的北极和夏天的南极

※ 绕地球一周的距离约为 4 万千米。北极燕鸥是曲线飞行而不是直线飞行，目前已知它们一年的飞行距离约为 8 万千米。

距离大不一样！

只能飞2米高！

冲绳秧鸡

我从未离开过这座岛。

住在日本冲绳县北部山地，几乎不飞行。近年来由于獴和野猫的数量增加，成为濒临灭绝的物种。

为什么冲绳秧鸡几乎不飞行？

因为冲绳秧鸡居住的岛上没有天敌，不需要飞往远处逃跑。在天上飞行要消耗很多能量，所以对它们来说，待在安全地带过着不用飞行的生活更惬意。它们晚上睡在树上，只有上树时需要飞一下，高度只有2米，距离一般不超过10米。

分类	大小	食物	栖息地
鸟纲鹤形目	体长30厘米	虫、蛙和树的果实等	日本冲绳县北部

同样是鱼类，游泳

快

剑鱼

剑鱼是世界上游得最快的鱼，游得快时，会收起背上的鱼鳍，这样可以减少水的阻力。展开鱼鳍时，能够震慑敌人。

25 米长的泳池?
我 1 秒就游到头了!

最快时速能达到 110 千米!
比高速公路上的汽车还快

为什么剑鱼游得这么快?

在和竞争对手抢夺猎物时，游得越快就越有可能生存下来。剑鱼细长的流线型身体能够帮助它们游得更快，尖尖的嘴巴在冲进小鱼群后，能够在短时间里快速捕食小鱼。可开可关的鱼鳍十分有用，能在游泳时急停或调整方向。

分类	大小	食物	栖息地
鱼纲鲈形目	全长 3.3 米	鱼、乌贼	热带、亚热带海域

速度大不一样!

格陵兰睡鲨 **慢**

格陵兰睡鲨是世界上最长寿的脊椎动物,寿命竟然长达400年! 近年来数量减少,属于濒危动物。

虽然我游得慢,但是比寿命长短,我可不会输!

平均时速1千米!
还没婴儿爬得快

为什么格陵兰睡鲨游得这么慢?

格陵兰睡鲨生活在水温0 ℃左右的寒冷深海中,那里的天敌和猎物都很少,慢生活能够节约体力,更有利于生存。生物在体温下降时呼吸、行动也会变得迟缓。生活在冰冷海水中的它们不仅游得慢,生长速度也很慢,它们需要长到150岁才能成年!

分类	大小	食物	栖息地
鱼纲角鲨目	全长5米	鱼和海豹等	包括北极海域在内的北大西洋

同样是哺乳动物，吃饭

多

姬鼩鼱

不分昼夜地吃吃吃！

从头到屁股身长仅有2厘米，体重只有2克。

一天的食量

还得再吃点……

一天要吃 48 次，

每隔 30 分钟就要吃东西！

为什么姬鼩鼱要吃这么多顿?

哺乳动物身体越小，热量就越容易从体表流失，所以必须吃很多顿。姬鼩鼱作为世界上最小的哺乳动物之一，为了防止体温下降，必须频繁地从食物中获取能量。因此，它们每隔30分钟就要进食一次，吃完就休息，休息完就继续吃。只要3小时不进食，它们就会饿死。

分类	大小	食物	栖息地
哺乳纲食虫目	全长5.3厘米	蚯蚓和虫子等	欧亚大陆、日本

※ 生活在日本北海道的是姬鼩鼱的亚种，属于濒危动物。

次数大不一样！

树懒的身上有寄生蛾，寄生蛾会促进其身上藻类植物的生长。附着在毛发上的藻类植物不仅能帮树懒隐藏自己躲避敌人，还是它们补充营养的小点心。

三趾树懒 少

我可不是在偷懒，这是我的生存策略哦……

一天的食量

一天一顿，只吃树叶！

为什么三趾树懒不太吃东西？

因为三趾树懒的生活方式十分节能，几乎不消耗能量。三趾树懒一天只吃大约 3 片树叶，借助肚子里的微生物慢慢消化。要把所有的食物消化完，需要花费 50 天的时间。它们经常生活在树上，只有在一周一次排便的时候才会从树上下来。

分类	大小	食物	栖息地
哺乳纲贫齿目	体长 60 厘米	树叶	中美洲和南美洲的森林

太牛了吧！

牛气值 ★★☆

同样是鸟蛋，个头

大   鸵鸟

驼鸟蛋有足球那么大！

约20厘米，1.2千克！

一个驼鸟蛋的重量相当于20个鸡蛋！

鸵鸟的最高时速可达70千米，而且能够比肉食动物跑得远。鸵鸟的双腿非常有力，曾经踢倒过鬣狗等动物。

为什么鸵鸟的蛋这么大?

鸵鸟的祖先会飞，体形也比现在小。在竞争对手恐龙灭绝后，鸵鸟开始在陆地上生活，体形也进化得越来越大。高大的体形使鸵鸟跑得更快，还让它们不容易遭受肉食动物猎食。鸵鸟蛋之所以个头大，是因为鸵鸟体形很大。雌性鸵鸟一次可以产6到8枚蛋。

分类	大小	食物	栖息地
鸟纲鸵鸟目	到头顶身高 2.4米	植物和昆虫等	非洲热带大草原

大小大不一样!

吸蜜蜂鸟 小

吸蜜蜂鸟的蛋比豌豆粒还要小!只有大约6.5毫米,0.3克!

我的体重只有2克,比一枚小硬币还轻。我的蛋重0.3克,和一颗豌豆粒差不多。

吸蜜蜂鸟1秒钟可以快速振翅50次以上。它们可以像直升机一样悬停,向上下左右,前后飞行。

为什么吸蜜蜂鸟的蛋这么小?

蜂鸟的种类一共有300多种,不同种类的蜂鸟以不同种类的花蜜为食。吸蜜蜂鸟所吸食的花朵特别小,因此进化出了娇小的体形,产的卵也小。花通过蜂鸟传播花粉,结出种子。蜂鸟和花两者相互影响,共同进化。这种进化叫作"协同进化"。

分类		大小		食物		栖息地	
	鸟纲雨燕目		全长5厘米		花蜜		古巴的森林

太牛了吧!

牛气值 ★★★ 最牛

同样是爬行动物，寿命

长

加拉帕戈斯象龟

据说因为体内可以储存水分，即使一年左右不吃不喝也能存活下来。

年

100 —

90 —

80 —

平均寿命超过一百岁！

70 —

60 —

50 —

40 —

30 —

20 —

10 —

0 —

悠闲地生活，寿命就变长了……

为什么加拉帕戈斯象龟的寿命这么长?

龟类代谢速度慢，寿命长。其中，加拉帕戈斯象龟生活在天敌少、食物丰富的岛屿上，就更长寿了。它们栖息的加拉帕戈斯群岛是一组由海底火山喷发形成的孤岛，因此，这里的生物都是偶然渡过海洋来到这里的，天敌和竞争对手都很少。

分类	大小	食物	栖息地
爬行纲龟鳖目	龟壳长约为1.3米	仙人掌等植物	南美加拉帕戈斯群岛（科隆群岛）

长短大不一样!

拉波德氏变色龙的寿命是四足动物中最短的，仅仅只有五个月。它们按照当地一年中雨季和旱季的周期，反复上演着一年一度的生命代际交替。

拉波德氏变色龙 短

亲爱的孩子啊，我将灵魂托付于你！

平均寿命只有五个月!

年
- 100
- 90
- 80
- 70
- 60
- 50
- 40
- 30
- 20
- 10
- 0

为什么拉波德氏变色龙的寿命这么短?

拉波德氏变色龙的栖息地气候分为降水丰富的雨季和降水稀少的旱季，两个季节交替到来。在大约持续 7 个月的旱季，可以吃的昆虫很少，不利于它们生存。因此它们在雨季的 5 个月中，出生后迅速成长并产下卵，将生命的接力棒交给下一代之后便结束了自己的一生。

分类	大小	食物	栖息地
爬行纲蜥蜴目	全长 20~30 厘米	昆虫等	马达加斯加西南部

同样是鱼类，产卵

多
鳕鱼

一次产卵的数量多达 500 万个！

咸鳕鱼子可不是我产下的，那是明太鱼的卵哟。

鳕鱼的卵偏黏稠，一粒鳕鱼卵大小约为 1.3 毫米。卵在产出后会沉到海底，附着在沙砾上静静地等待孵化。

为什么鳕鱼一次产卵这么多？

生物都希望留下更多的后代。栖息在广阔海洋中的鱼类会根据体形及营养状况尽可能多地产卵。大海中的鳕鱼、金枪鱼、翻车鱼等，产卵数量都很多。鳕鱼一次的产卵量可达数十万到数百万。体长超过 80 厘米的雌性鳕鱼产卵量高达 500 万个。

分类	大小	食物	栖息地
鱼纲鳕形目	全长 1 米	虾、螃蟹、小鱼、贝类等	北太平洋等地

数量大不一样！

一次只能产 **5** 个！

皱鳃鲨 少

我很喜欢养育小宝宝的哦。

皱鳃鲨的妊娠周期大约为三年半，是妊娠周期最长的动物，是人类的四倍。

为什么皱鳃鲨一次产卵这么少？

这是因为皱鳃鲨妈妈在腹中孵化卵，鱼宝宝发育到 40 厘米左右才会离开母体。这种孵化方式叫作"卵胎生"。这种方式会让皱鳃鲨一次产卵数量变少，优点是鱼宝宝可在母体中安全发育，离开母体时已具备一定程度的逃脱敌人和捕获食物的能力，因此存活的概率较大。

分类	大小	食物	栖息地
鱼纲皱鳃鲨目	全长 2 米	乌贼、鱼等	世界各地的深海

同样是哺乳动物，嘴的

大 **河马**

河马张大嘴，嘴巴可达 1 米!

看到这张大嘴，狮子也会被吓跑吧?

1 米

河马的大嘴可张开 150 度，牙长达 60 厘米，咬合力可达 1 吨，嘴张大后上下唇间距离有 1 米之宽。

为什么河马的嘴这么大?

河马的大嘴既可以与敌人战斗，也可以威慑对方，起到保护自己和族群的作用。河马的领地意识非常强，一旦有天敌或者其他河马出现在自己的地盘上，它就会长大嘴发出威慑。如果对方还不退出领地，河马就会用牙撕咬对方。河马的下腭犬齿很长，咬合力足以咬穿鳄鱼的肚子!

分类		大小		食物		栖息地	
	哺乳纲偶蹄目		体长 4 米		草、叶等		非洲的河流、沼泽地

大小大不一样！

大食蚁兽 小

小嘴只有 2 厘米！

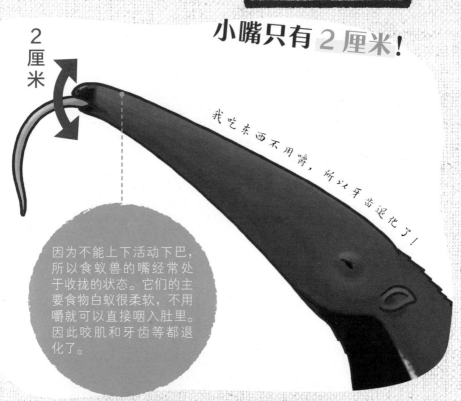

2 厘米

我吃东西不用嚼，所以牙齿退化了！

因为不能上下活动下巴，所以食蚁兽的嘴经常处于收拢的状态。它们的主要食物白蚁很柔软，不用嚼就可以直接咽入肚里。因此咬肌和牙齿等都退化了。

为什么大食蚁兽的嘴这么小？

这是因为大食蚁兽的嘴巴进化成了适合大量捕食白蚁的形状。它们用锐利的前爪刨开蚁穴，伸出长长的、凸起的嘴直捣蚁窝，再伸出舌头舔食白蚁。它们长达 60 厘米的舌头可以在 1 分钟内来回伸缩 160 次，一天可以吃掉 3 万只白蚁。极为细长的管状小嘴有助于它们吃到蚁穴里的白蚁。

分类		大小		食物		栖息地	
	哺乳纲贫齿目		体长 1.1 米		蚂蚁和白蚁等		中、南美洲

113

同样是鹿， 犄角

大 **驼鹿**

2米

犄角的最左边到最右边，宽度能达到2米！

雄性驼鹿的犄角在求偶时会派上用场，每年更换一次。春季开始生长，到了交配结束后的冬季，犄角就会掉落。

犄角小的驼鹿没有魅力……

为什么驼鹿的犄角这么大？

只有雄性驼鹿才会长犄角，犄角越大竞争优势就越大，就越受雌性驼鹿的欢迎，子孙也会越多。因此，它们的犄角进化得很大。雄性驼鹿在求偶过程中，如果遇到其他雄性竞争者，双方会先凭借犄角大小定胜负，如果不分上下，则会展开一场"顶角之战"。

分类	大小	食物	栖息地
哺乳纲偶蹄目	体长 2.5~3 米	树的枝叶、水草等	亚洲、欧洲、北美洲

大小大不一样!

毛冠鹿 小

只有 2 厘米!

2 厘米

只有雄性毛冠鹿的额前才会长有刘海状的长毛。

我们毛冠鹿凭獠牙论英雄。

为什么毛冠鹿的犄角这么小?

毛冠鹿是一种原始型鹿科动物,雄性毛冠鹿以獠牙的长短论英雄,而非看鹿角的大小。据说鹿科动物的雄性祖先就是用獠牙来定胜负的。然而,由于鹿科动物是草食性动物,獠牙并没有多大作用,所以其他鹿科动物进化出了只在繁殖期生长的犄角,而毛冠鹿却依然保留着祖先的特征。

分类		大小		食物		栖息地	
	哺乳纲偶蹄目		体长 110~160 厘米		树叶		东亚南部

同样是贝类，防御

硬

鳞角腹足蜗牛

鳞角腹足蜗牛如果栖息在含铁量少的海底热泉区域，身上的壳和鳞片就会呈现白色。随着生活海域的海水成分不同，它们身体的特征也会随之发生改变。

铁盔铁鳞，滴水不漏！

一身铁甲，防御值完美！

为什么鳞角腹足蜗牛有坚硬的外壳?

这是因为鳞角腹足蜗牛进化出了一种特殊能力，能够将海水里的金属覆在自己的壳和鳞片上。它们生活在海底热泉附近，它们体内的微生物会释放出硫黄，硫黄又与海底热泉中的铁成分发生反应，就产生了覆盖在它们身体上的硫化铁鳞片。铁质的鳞片和外壳相当坚固，形成完美的保护！

分类	大小	食物	栖息地
腹足纲柄眼目	壳高 3~4 厘米	体内微生物产生的养分	印度洋中央海底热泉喷口

黑斑海兔体内残留的壳说明,其祖先也曾长着外壳。像黑斑海兔这样外壳退化的贝类生物还有海牛、海若螺、蛞蝓等。

黑斑海兔 软

没有外壳也能保护好自己!

没有外壳,身体暴露在外面!

为什么黑斑海兔没有外壳?

这是因为黑斑海兔进化出了一项特殊能力,能分泌出一种可赶走敌人的液体。当黑斑海兔遇到敌人捕食时,就会从体内分泌出一种紫色液体把敌人赶走。它们虽然也是贝类,但是外壳已经退化。背负外壳对身体造成的负担较大,所以黑斑海兔在进化过程中另辟蹊径,进化出了独特的防卫能力。

分类	大小	食物	栖息地
腹足纲无楯目	体长 10 ~ 20 厘米(大的可长到 40 厘米)	石莼等海藻	日本、韩国、中国

同样是啮齿动物，巢穴

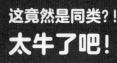

大 土拨鼠

巢穴入口是放风台，一旦有敌人接近，负责放风的土拨鼠就会发出大叫声警告家人。土拨鼠整个家族的巢穴都是相通的，有些土拨鼠家族还会建造出庞大的土拨鼠城。

（米）
30
25
20
15
10
5
0

位于地下的犬鼠城面积可达 1.3 平方千米！

长达30米的大型公寓！

为什么土拨鼠的巢穴这么大？

因为土拨鼠每年都会增加很多新的家庭成员，这些新成员会分别建造自己的巢穴。一个家庭通常由一只成年雄性土拨鼠与 3～5 只成年雌性鼠，以及它们的孩子组成。地下巢穴长达 30 米，里面就像一座迷宫，里面有卧室、儿童房和厕所等。

分类	大小	食物	栖息地
哺乳纲啮齿目	体长 30 厘米	草、根、种子等	北美洲、欧亚大陆

大小大不一样！

巢穴只有一个房间，只有10厘米宽！

（米）

巢鼠在离地一米多高的地方建起茅草屋生儿育女。它们把房子建在高处，不仅便于通风，还易于躲避蛇等天敌。到了无须养育孩子的冬天，它们就会搬到地下的巢穴居住。

我们体形小，一个房间就够住了！

为什么巢鼠的巢穴这么小？

因为巢鼠的巢穴仅供家人在特定季节居住。巢鼠平时生活在河畔或农田的草地上。春天至秋天是巢鼠哺育孩子的季节，此时它们会用芒草、芦苇和荻草搭建巢穴。它们在巢中养育后代，仅供自己家人居住，因此巢穴建得很小，更不容易被天敌找到。

分类	大小	食物	栖息地
哺乳纲啮齿目	体长5~8厘米	种子、谷物、果实、昆虫等	欧亚大陆与日本

119

同样是鱼类, 栖息

深海带

深 **钝口拟狮子鱼**

生活在水深
8000 米的深海带!

我们身上的条纹可是"勇士"的勋章哟。

虽然钝口拟狮子鱼与硬骨鱼是同类,但是它们的骨头几乎都已变成了软骨。它们已经适应了800个大气压的深海环境,在这里过着宁静的生活。

为什么钝口拟狮子鱼生活在深海带?

宜居的海域里居住着金枪鱼等许多大型肉食鱼类。竞争失败的鱼类只能前往条件不好的浅滩或者深海区生活。钝口拟狮子鱼适应了黑暗、寒冷、几乎没有食物的深海带的环境,在这里繁衍生息。正因为这里环境恶劣,它们也少有竞争对手和天敌。

分类	大小	食物	栖息地
鱼纲鲉形目	全长 24 厘米	钩虾等	太平洋西北部马里亚纳海沟、日本海沟等

深度大不一样！

↓滩涂

弹涂鱼

生活在水深
0 米的滩涂上！

我可以用胸鳍在地面上行走哟！

弹涂鱼身体变干的话就不能进行皮肤呼吸了，所以它们也会时不时在有水的地方打个滚，来保持身体湿润。

为什么弹涂鱼生活在滩涂上？

弹涂鱼所栖息的滩涂，其水温、盐分浓度等环境因素变化剧烈，而且很容易被天上的鸟儿盯上。生物来到这种地方后，只有顺应环境进化后才能生存。于是，弹涂鱼进化出了不仅可以用鳃呼吸，还可以用皮肤呼吸的身体。它们只要身体保持湿润，不住在水里也可以生存。

分类		大小		食物		栖息地	
	鱼纲鲈形目		全长 18 厘米		硅藻等		非洲西岸、印度－太平洋水域

同样是鸟类，羽毛

绚丽
紫胸佛法僧

我的羽毛运用了光学迷彩的原理呢!

身上羽毛的颜色 多达 **14** 种!

鸟羽毛呈现的颜色，是羽毛本身的颜色和阳光在羽毛上反射出来的颜色（物理色）相结合后的颜色，看起来更加色彩斑斓呢。

为什么紫胸佛法僧的羽毛这么绚丽？

这些绚丽夺目的颜色也是它们的保护色。当它们展翅飞翔的时候，蓝色的翅膀与天空颜色相同，从上面往下看，它们背上的褐色与地面颜色一致，这样一来，敌人就很难发现它们了。其实，鸟儿们能看见人眼看不到的紫外线，或许它们眼中看到的世界又是另一番模样呢。

分类		大小		食物		栖息地	
	鸟纲佛法僧目		全长 38 厘米		昆虫、爬虫类、鱼等		非洲东部、中部、东南部

颜色大不一样!

朴素

小嘴乌鸦

据说,乌鸦能发出至少 40 种不同的叫声来与同伴沟通交流,比如:"嘎(你好)","嘎嘎嘎(危险!当心!)"。

黑色的外表能够欺骗敌人的眼睛!

浑身黑色!

为什么乌鸦的羽毛这么朴素?

人们认为,这是乌鸦为了避免敌人发现自己的巧妙手段,特别在黑夜里难以被发现。到了晚上,乌鸦会成百上千地聚集起来一起休息,以此躲过敌人,保护自己。另外,乌鸦的羽毛在阳光的反射下会发出蓝色或紫色等颜色。或许它们只是在人类眼中看起来单调。

分类	大小	食物	栖息地
鸟纲雀形目	全长 50 厘米	果实、种子、蚯蚓、昆虫等	欧亚大陆、日本各地

123

这竟然是同类?!

太牛了吧!

牛气值 ★★★ 最牛

大

森蚺

同样是蛇类， 体格

比6个小学四年级的男生还重！

体重 200 千克，
全长 9 米!

躯体直径约30厘米，母蛇比公蛇体格要大一些。

为什么森蚺这么大?

因为森蚺生活在四季炎热的热带，它们可以在水里生活，就算身体变重变大也能够自如地活动。栖息在亚马孙河流域的森蚺是世界上最大的蛇，无毒，能够用身体紧紧缠绕住猎物使其窒息，还会吃野猪、鹿和乌龟等。嘴巴可以张得很大，无论什么猎物都可整个吞下。

分类	大小	食物	栖息地
爬行纲有鳞目	全长 6~9 米	鱼、鳄鱼、乌龟等	南美洲北部

* 小学四年级男生平均体重按 30.5 千克计算。

大小大不一样！

卡拉细盲蛇 小

盘绕起来只相当于1枚500日元硬币的大小！

体重仅6克，全长10厘米！

世界上最小的蛇。体重仅相当于6枚1日元硬币的重量。

为什么卡拉细盲蛇这么小？

因为卡拉细盲蛇与蚯蚓一样都生活在地下。为了能够适应地下生活，方便钻入泥土之中，所以才进化出了这么小的身躯。小小的身躯也能够帮助它们逃脱敌人猎食，不过，也是因为体形的缘故，卡拉细盲蛇很难产下足够大的卵，所以一次只能产下一个卵。它们以在地底筑巢的蚂蚁和白蚁的幼虫为食。

分类	大小	食物	栖息地
爬行纲有鳞目	全长10厘米	蚂蚁幼虫	东加勒比海巴巴多斯岛

第4章

\不比不知道，
一比吓一跳！/

竟然和人类一样？！
太牛了吧！

动物们那些
与人类如出一辙的行为与习性

在进化的过程中，我们人类学会了团结合作，聚居生活。

在集体中，有人建屋造房，有人收集食物，有人治疗伤病……

大家各司其职，合作生活。我们把这样的集体称为"社会"。

动物世界里也存在"社会"。

就像人类社会有规则、人际关系一样，动物社会里也有它们的规则和纽带。

有些规则和行为看起来和我们人类非常相似。

让我们比一比，看一看有哪些十分相似的行为吧。

本章的阅读方法

动物们那些与人类十分相似的行为大揭秘！与我们身边相似的动物比一比，看一看哪些行为相似，再想一想为什么，一起来探索进化的奥秘吧！

用和人类社会相似的行为比一比吧！

超牛！

企鹅求婚也送"宝石"！ ♥

白蚁通过 团队合作 搭建摩天大楼?!

分类		大小		食物		栖息地	
	昆虫纲等翅目		体长3毫米（工蚁的数据）		禾本科植物		澳大利亚大草原

※ 数值为罗盘白蚁的数据。

蚁塔内部十分舒适，人类也纷纷效仿！

蚁塔中有很多房间，如孵化室、仓库等。有的白蚁还开辟出了专门培育菌菇类以提供营养的房间。

里面还有培育蘑菇的房间哦!

和人类很相似！

人类社会的相似行为

终于建成了！

生活在大草原上的白蚁建造出塔状的蚁穴——蚁塔。塔内结构方便温度调节、换气，塔高可达 8 米，可供几百万只白蚁居住。以人的身高来换算，蚁塔的高度相当于摩天大楼哈利法塔 * 的 4 倍。这建造技术真是令人叹为观止啊！

*位于迪拜的一座高 828 米的摩天高楼。

白蚁被称为"社会性昆虫"，它们以蚁后为中心，几十万到几百万只白蚁组成一个群体共同生活。每只白蚁都有自己的分工，兵蚁负责御敌守家，工蚁负责筑巢和养育后代。蚁群的行动如同一个完整的生命体，它们进化出了高效的团队协作方式。

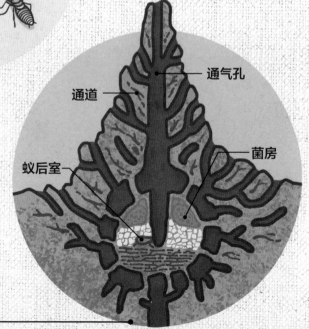

▼蚁后

蚁王▶

兵蚁

工蚁▶

通气孔

通道

菌房

蚁后室

草原昼夜温差很大，白天气温高达 50 ℃，但蚁穴里有密密麻麻的通道连着地下水，冷空气可以通上来，使蚁穴内部温度保持在 30 ℃左右。人类参考这一结构，正在推进研发无须使用空调的节能建筑。这种将生物的特点用于人类技术研发的学问叫作"仿生学"。

安第斯动冠伞鸟用 莫西干头 争高下?!

用斗舞争夺全场关注的焦点!

我是选美大赛的获胜者!

安第斯动冠伞鸟在求偶，或者吓唬竞争对手的时候，会把头上羽毛蓬松张开。这种通过艳丽的色彩和夸张的动作显示自己又强大又帅气的行为叫作"求偶炫耀"。

人类社会的相似行为

我的莫西干头，够帅吧!

此处 和人类很相似!

到了繁殖期，雄性安第斯动冠伞鸟就会聚集在"求偶场 *"向雌鸟求婚。它们张开头部的羽毛，看上去像莫西干头，陆续进行斗舞。雌鸟会根据舞蹈和头部羽毛的漂亮程度选择结婚对象，所以雄鸟会拼命地展示自己头部的羽毛。它们的这种行为与人类用发型和服装展现自己的行为非常相似。

分类	大小	食物	栖息地
鸟纲雀形目	体长32厘米	植物果实和昆虫等	南美洲西北部森林

* 很多雄鸟聚集在一起向雌鸟求爱的场所。安第斯动冠伞鸟的求爱场所一般选在树叶稀疏、视野开阔的树上。

雌性吸血蝠
非常讲情义?!

有福同享，有难同当？

吸血蝠以吸食动物的血液为生。它们住在森林的洞穴里，以雌性为主，数百只蝙蝠一起聚居。

今天没能吸到血啊！

我把我吸到的血分给你！

此处 和人类很相似！

吸血蝠两天吸不到血就会饿死，如果有同伴饿着肚子，它们就会吐出自己吸的血分给对方；当自己饿肚子的时候，同伴也会分血给自己。这种生物间互相帮助的行为叫作"动物利他行为"。这是一种社会性行为，与我们人类"赠礼"和"还礼"的精神是相通的。

人类社会的相似行为

谢谢您总是想着我。

分给您一些！

分类		大小		食物		栖息地	
	哺乳纲翼手目		体长 7~9.5 厘米		动物的血		南美洲

阿德利企鹅

求婚送宝石?!

分类	大小	食物	栖息地
鸟纲企鹅目	全长 75 厘米	磷虾、鱼	南极及其周边地区

用礼物攻势获得对方的芳心!

用这些石头来共筑我们的爱巢吧?

哎哟! ♥

阿德利企鹅冬天在南极附近的浮冰地带过冬。春天为了繁衍后代,它们会在海岸的岩石地带筑巢。

说到求婚时的标配，大家都会想到镶着钻石的戒指吧。阿德利企鹅求婚时也会送给对方小石头。因为小石头是它们筑巢必不可少的重要材料。送完石头后，雄性企鹅会用"心动的求偶方式*"，来确定彼此之间的关系。阿德利企鹅在进化的过程中将这种求偶行为模式化了。

嫁给我吧！

* 雄性企鹅仰起头，一边拍打翅膀一边发出鸣叫声；雌性企鹅会摇晃身体回应雄性企鹅。

家里石头越多越有安全感……

春天是企鹅的繁殖期，雄性企鹅会先登上海岸，用小石头垒建一个圆形的巢穴。它们必须收集足够多的石头，否则融化的雪水就会把企鹅蛋打湿，这样就会导致企鹅幼崽死亡。由于小石头的数量有限，所以企鹅间经常会发生抢夺石头的情况。

我猎食的本领很强哟！

太厉害了！♥

雄性翠鸟也会在向雌性翠鸟求婚时送小鱼。这种被称为"求爱给饵"的行为，既可以展示雄鸟的狩猎能力，也可以加深雄鸟和雌鸟的感情。就像我们人类一样，动物之间的交流也有固定模式和约定俗成的习惯。

雄性蟾鱼
唱歌越好听
越受欢迎?!

用原创的情歌呼唤爱!

使身体中的鱼鳔震动,发出"呱""呱"的声音。

唱得不够好听的话,就会让其他情敌有机可乘……

呱——♪

人类社会的相似行为

为你献上情歌!

此处 和人类很相似!

蟾鱼以"会鸣叫的鱼"闻名于世。它们一般会在岩石的阴暗处一动不动,当雄鱼呼唤雌鱼的时候便会发出独特的鸣叫声。鸣叫声越有个性,就越不容易受其他雄鱼的干扰,越容易吸引到雌鱼。这种用原创歌声来表白爱意的方式,让乐队男成员都为之惊讶!

分类		大小		食物		栖息地	
鱼纲蟾鱼目		全长约37厘米		虾、小鱼等		巴拿马到巴西之间的浅海海域	

鼩鼱宝宝们
咬着尾巴
排队出行?!

外面很危险,不可以离开妈妈哦!

一二,一二……

小鼩鼱的咬合力很强,使劲拉也很难拉开它们。

妈妈用排队的方式保护宝宝们!

此处 和人类很相似!

鼩鼱妈妈带着小鼩鼱出行时会用"骆驼队出行"的排队方式。鼩鼱妈妈在前面带路,鼩鼱宝宝们依次咬住前面的尾巴,像骆驼出行一样排着队行走。鼩鼱妈妈一次可以养育三到六只小鼩鼱,当感到危险时,就用这种方法带着小鼩鼱离开巢穴。这与幼儿园阿姨带孩子们散步时排队出行的方式很像。

人类社会的相似行为

来!站好排成一队!

一二,一二……

分类	大小	食物	栖息地
哺乳纲食虫目	体长13厘米	蚯蚓、昆虫等	亚洲南部、非洲东部等的农耕地和灌木丛

宽吻海豚的
语言不同?!

分类		大小		食物		栖息地	
哺乳纲鲸目		体长 3 米		乌贼、鱼类		从热带到温带的沿岸水域	

宽吻海豚说话时发出的声音叫作"哨叫声",感到兴奋或者恐吓其他宽吻海豚时会发出"脉冲声"。

我听不懂
你说的话?!

偶真素太口耐咯!（我真是太可爱了!）

海豚会发出"哨叫声"与同伴进行交流。为什么叫"哨叫声"呢？因为听起来就像海豚在"哔——哔——"吹哨一样。生活在不同水域的海豚发出的声音高低也不同，有些海豚的声音只有在某些特定水域才能听到，因此通过声音就能辨别它们来自哪片水域。不同地域使用不同的语言，这一点我们人类也一样。

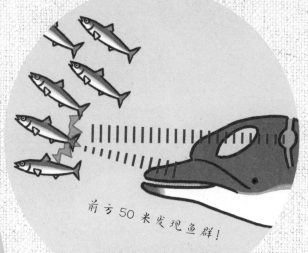

前方50米发现鱼群！

海豚即使在最黑暗的水域，也能利用声音的回声来判断周围的地形以及猎物的位置和大小。这种方法叫作"回声定位"。通过这个方法，可以让海豚找到与自己距离超过100米的目标。在进化的过程中，它们在几百万年前就已经掌握了潜艇上声呐那样的能力。

海豚的近亲虎鲸也会使用叫声来与同伴对话。虎鲸群由几只到几十只虎鲸组成，每个虎鲸群都有自己的方言。虎鲸宝宝通过模仿爸爸妈妈，从而学会自己虎鲸群的语言。

这是我们家族的语言！

137

貉经常
在公厕
交流信息?!

现代人通过社交平台了解朋友的近况,貉则通过粪便了解朋友的近况。

看来貉小吉昨天吃了栗子呢。

我也去找找栗子吃吧。

通过粪便了解朋友的近况!

人类社会的相似行为

哇,真的吗?

此处
和人类很相似!

在厕所里聊天并非人类的专利。貉常常聚集在它们的"公厕"——小粪堆旁,与附近的同伴交换消息。貉可以从粪便的气味和内容得知彼此的行动范围、家族近况、所吃食物等信息,这对貉的生存大有帮助。有时候,它们还会在"公厕"前排队等待上厕所。

分类	大小	食物	栖息地
哺乳纲食肉目	体长 50~60 厘米	小动物、鱼、昆虫、果实等	中国、朝鲜、日本

黑猩猩也会拍马屁?!

龇牙笑表示"服从";张大嘴巴露出犬牙表示"威吓"。

威吓

老板您太英明神武了!

是吗?

服从

原来动物世界也有拍马屁的现象啊。

此处和人类很相似!

作为群居动物的黑猩猩,通过观察对方的动作和表情进行交流。黑猩猩族群里等级森严,在面对比自己强大的同伴时,黑猩猩会露出讨好的笑容表示顺从。这种表情被称作"扮鬼脸",可以起到讨好对方的作用。这与人类拍马屁时的谄笑简直如出一辙。

人类社会的相似行为

您真了不起!

哈哈哈!

分类 哺乳纲灵长目

大小 体长 85 厘米

食物 果实、叶子、昆虫、小动物等

栖息地 非洲

帝企鹅

宝宝也上托儿所?!

分类	大小	食物	栖息地
鸟纲企鹅目	全长 1.2 米	鱼、磷虾、乌贼等	南极以及周围岛屿

这里是南极托儿所,气温零下 60 摄氏度。

大家都要做乖宝宝哦!

帝企鹅宝宝们聚在一起御寒取暖。负责照看帝企鹅宝宝的是还没有孩子的年轻帝企鹅。

爸爸会给我们捉来好吃的鱼吗?

140

帝企鹅宝宝出生后，一段时间内父母会交替去海中捕鱼并喂养它们。随着宝宝茁壮成长，食量与日俱增，帝企鹅父母就会双双下海捕鱼。当父母不在身边时，宝宝们就会由年轻的帝企鹅"保育员"统一照看。宝宝们聚集的地方被称为"公共托儿所"，与人类的托儿所作用相似。

人类社会的相似行为

开始讲故事啦！

帝企鹅妈妈产下蛋后体力衰弱，会马上离开繁殖地奔向海边觅食。帝企鹅爸爸会将蛋放在脚面上进行孵化，它们需要在大约两个月内不吃不喝，站着孵蛋。当宝宝出生后，如果妈妈还没有回来，帝企鹅爸爸就会从食囊内反刍出特殊的"奶"喂给宝宝。孵蛋、喂"奶"都是帝企鹅爸爸的职责。

海边有许多帝企鹅的天敌，如海豹、虎鲸等，因此，养育帝企鹅宝宝要在距海较远的内陆地区，距离海边有80~200千米之远，成年帝企鹅为哺育幼崽下海捕鱼时也有被袭击的危险。它们虽然没有飞行能力，却进化出了游泳能力，能够在海里快速游泳捕捉鱼类。帝企鹅一次潜水可持续20分钟以上。

\不比不知道，一比吓一跳！/

地球和生物们的进化史

38 亿年前，最早的生命诞生了！

冥古宙至太古宙

46 亿年前至 25 亿年前

这一时代的重大新闻

生命的历史从这里开始！

45 亿年前
（冥古宙）

月球诞生了！

刚形成不久的地球受到小行星撞击，脱落的碎石逐渐聚集形成了月球。月球引力使得地球上的海洋潮涨潮落，为地球上生命的诞生创造了契机。

距今约 46 亿年前，小行星相互撞击，形成了原始的地球。科学家们推断，地球上第一个生命诞生于约 38 亿年前。自那时起，地球上的生命历经了怎样的变化呢？比一比地球和生物们在不同时期的模样，一起探索神奇的地球进化史吧！

水与火交织的星球！

大约 40 亿年前，地球曾经到处都是海洋和岩浆。

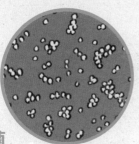

产甲烷菌

在海底热泉口中诞生的古细菌。现在还存在于地球上。

▶相关内容：第89页

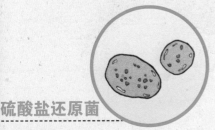

硫酸盐还原菌

一种细菌，约 35 亿年前出现，现在依然存在。

我们有过这样一段历史

据说，地球上最早的生命体是海洋里诞生的微生物。它们体形非常微小，小到人类肉眼看不见。当时地球上还没有氧气，到处都是甲烷气体。到了距今约 25 亿年前，我诞生了，开始进行光合作用，带来了越来越多的氧气。空气的这一变化为大型生物的诞生创造了重要条件哦！

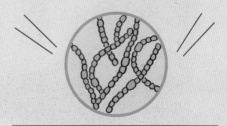

这一时代的见证者
蓝藻女士

一种细菌，可以进行光合作用，并产生氧气。现在依然在地球上生存。

▶相关内容：第88页

肉眼可见的生物诞生了！

元古宙

25 亿年前至 5.41 亿年前

金伯拉虫

外壳约有 10 厘米长，有长长的吻。

这一时代的重大新闻

冷冰冰的

埃迪卡拉动物群登场！

7 亿年前（元古宙）

地球被冻住了？

这一时期，地球多次迎来极为寒冷的冰期，地球多次遭遇冰封！许多微生物因此灭绝，在冰雪融化后，体形较大的生物幸存下来，并发生进化。

冥古宙	太古宙	元古宙	寒武纪	奥陶纪	志留纪	泥盆纪	石炭纪	二叠纪	三叠纪	侏罗纪	白垩纪	古近纪	新近纪	第四纪
前寒武纪			古生代						中生代			新生代		

在长达约 30 亿年的漫长历史中，地球上只有小到肉眼看不见的单细胞微生物。直到 6 亿多年前，才进化出了由多个细胞组成的、体形较大的生物。

绵延不绝的冈瓦纳古陆

大约 6 亿年前，南半球有一片名为"冈瓦纳"的超级大陆。

我们有过这样一段历史

三星盘虫

圆盘状身体，直径大约 5 厘米，身上有许多未解之谜。

在距今 6 亿年前的地球上，几乎所有的生物都生活在海里。那时候的生物们没有手、脚、眼睛、骨头等，只长着一个像果冻一样的身体。我们不会捕捉其他生物当食物，只会慢慢悠悠地吃掉比我们小得多的微生物。

查恩盘虫

全长约 50 厘米，看起来像植物，其实是动物。

这一时代的见证者
狄更逊水母小姐

这个全长约 1 米的扁平状生物，已经是这一时代体形最大的生物了。

元古宙末期被称为"埃迪卡拉纪"（6.35亿年前到 5.41 亿年前）。生活在这个时代的形状奇特的生物被称为"埃迪卡拉动物群"。

生物种类出现爆炸性增长！

古生代前半期

寒武纪 到志留纪

5.41 亿年前至 4 亿 1920 万年前

房角石

拥有长而挺拔的外壳，和鹦鹉螺是近亲。

▶相关内容：第74页

这一时代的重大新闻

怪诞虫

长着很多刺与触手的动物。

5 亿年前 （寒武纪）

鱼类的祖先登场！

以昆明鱼等为代表的没有颌部的原始型鱼类"无腭类"诞生了。它们进化出了拥有颌部和脊柱的鱼类，而这些鱼后来又进化出了两栖类等多种多样的脊椎动物。

冥古宙	太古宙	元古宙	寒武纪	奥陶纪	志留纪	泥盆纪	石炭纪	二叠纪	三叠纪	侏罗纪	白垩纪	古近纪	新近纪	第四纪
前寒武纪			古生代						中生代			新生代		

在古生代寒武纪，长着眼睛和脚的生物诞生了。出现了原始型鱼类、身体覆盖硬壳的"节肢动物"等许多与现在的生物特征相近的生物，生物的种类出现了爆炸性的增长。

植物从海洋登陆！

约5亿年前，藻类进化为苔藓植物。约4亿年前，陆地植物诞生了！

这就是寒武纪 生命大爆发！

月盾鲎

和三叶虫一样古老，是鲎的近亲。

▶相关内容：第85页

我们有过这样一段历史

嗯？你是说像人类那样有脊柱的"脊椎动物"的祖先吗？我就是这个时代出现的生物。不过呢，这个时代可是我和鹦鹉螺等"无脊椎动物"的天下哟！寒武纪时期最强大的生物就是我！

这一时代的见证者
奇虾先生

寒武纪最强大的海洋捕食者，用大眼睛寻找并捕食猎物。

舌形贝

一种腕足动物，被认为是鸭嘴海豆芽的近亲。

▶相关内容：第87页

三叶虫

一种节肢动物。三叶虫一族一直繁衍生息到古生代末期。

从海洋上陆，四足动物登陆！

古生代后半期

泥盆纪 到二叠纪

4 亿 1920 万至 2 亿 5190 万年前

拉蒂迈鱼

生活在淡水中的早期腔棘鱼。

▶相关内容：第 78 页

这一时代的 重大新闻

3 亿年前（石炭纪）

邓氏鱼

全长约 6 米的大型 鱼类，拥有强劲的 颌部。

植物也在进化！

石炭纪气候温暖，从苔藓进化而来的蕨类植物进化成大型植物，形成了森林。森林里出现了许多如巨脉蜻蜓等大型昆虫。现在从地下开采的煤炭就是这个时代植物的化石。

在古生代泥盆纪，大型的鱼类在世界各地的海洋里空前繁盛。进而，由鱼类进化出来的两栖动物开始用四肢行走，并走上陆地。此后，两栖动物进化出了爬行类和下孔类等，节肢动物进化出了昆虫类，它们都在陆地上繁衍生息。

泛大陆上森林密布

约3亿年前，地球上陆地板块相连，形成了一块名为"泛大陆"的超级大陆，也叫"联合古陆"。赤道附近出现了山脉，森林开始遍布大陆。

生命在海洋和陆地上繁衍不息！

林蜥

最早的爬行动物之一，以森林中的昆虫为食。

我们有过这样一段历史

那个时代大多数的时候气候温暖，日照充足。在茂密的森林中，植物长得非常高大，以此为食的昆虫和以昆虫为食的肉食动物们的体格也都变得越来越庞大。但万万没有想到，后来居然会发生那么恐怖的物种大灭绝……不过，我在大灭绝之前就已经死了，这真是不幸中的万幸啊。

▶相关内容：第85页

这一时代的见证者
异齿龙先生

二叠纪初期的肉食动物，体长2米左右。

笠头螈

一种两栖动物，长着大大的三角形头部。

节胸蜈蚣

体长大约2米，与马陆同属节足动物。

恐龙的时代到来啦！

中生代

三叠纪到白垩纪

2 亿 5190 万至 6600 万年前

剑龙

草食性恐龙，生活在白垩纪时期的北美洲和中国大陆。

这一时代的重大新闻

似银杏属

银杏的近亲，与现在的银杏几乎无变化，曾在整个中生代时期繁衍生息。

6600 万年前（白垩纪）

陨石坠落导致恐龙灭绝

▶相关内容：第 10 页

陨石撞击地球，导致所有物种中约 60% 灭绝。火灾、海啸、严寒席卷整个地球，恐龙也不幸灭绝，为持续了近 2 亿年的生物繁盛期画上了休止符。

冥古宙	太古宙	元古宙	寒武纪	奥陶纪	志留纪	泥盆纪	石炭纪	二叠纪	三叠纪	侏罗纪	白垩纪	古近纪	新近纪	第四纪
前寒武纪			古生代						中生代			新生代		

在古生代末期，地球上发生大规模火山爆发，导致大量生物灭绝。躲过这次灭绝的爬行动物在三叠纪时期进化出了恐龙。同一时期，下孔类动物中进化出了哺乳动物的祖先，到了侏罗纪时期，一部分恐龙进化成为鸟类。

泛大陆发生分裂！

1.5 亿年前，泛大陆发生分裂，形成了现在大陆各板块的原型。

我们有过这样一段历史

是的，中生代是大型爬行动物们的时代。陆地上有恐龙，天上有翼龙，海里有长颈龙，它们统治了整个地球的所有地方。我们哺乳动物只能悄悄地躲在森林里生活，直到那个巨型陨石撞击地球！

这一时代的见证者
隐王兽**先生**

三叠纪时诞生，最古老的哺乳动物之一。

日本菊石

白垩纪时代生活在日本和俄罗斯等地的菊石。壳的形状非常特别。

恐龙们的繁荣与灭绝！

霸王龙

最大的肉食恐龙，全长约 14 米。白垩纪时期生活在南美洲。

无齿翼龙

白垩纪时期生活在北美洲等地区的翼龙，展翼后从左到右的长度约有 9 米。

哺乳动物遍布全世界！

新生代 古近纪 到第四纪 6600万年前至现在

始祖象

儒艮的祖先，过着一半陆地一半水中的生活，长着四条腿。

▶相关内容：第8页

这一时代的重大新闻

不飞鸟

身高约2米，翅膀退化，不会飞。

20万年前（第四纪）

人类终于诞生！ ▶相关内容：第68页

大约20万年前，我们人类（智人）诞生了！我们团结力量，度过了冰期等许多的困难时期。今后，我们会创造出怎么样的未来呢？

冥古宙	太古宙	元古宙	寒武纪	奥陶纪	志留纪	泥盆纪	石炭纪	二叠纪	三叠纪	侏罗纪	白垩纪	古近纪	新近纪	第四纪
前寒武纪			古生代						中生代			新生代		

恐龙灭绝后，哺乳动物取而代之，数量和种类不断增多，遍布整个世界。就在这一进化过程中，我们人类诞生了。如本书前文所描述的那样，在长达38亿年的生命史中，地球上的生物反复经历了多次灭绝和进化。如今，我们能够生活在这个地球上，这本身就是一个了不起的奇迹！

森林减少，平原增多

4000万年前，地球上原本有许多亚热带森林，但随着地球变冷，森林逐渐减少，草原不断增多。

巨犀

被认为是陆地上曾经生活过的最大的哺乳动物，体长达到7.5米左右。

未来，生命还会生生不息！

智人

诞生于非洲，与我们一样都是人类，会制造工具，走向了全世界。

我们有过这样一段历史

恐龙灭绝之后，哺乳动物能够生活的地方变多。后来地球变冷，森林变成了草原，哺乳动物为了适应新环境不断进化，种类也大幅增加。我已经灭绝了，你们人类将迎来怎样的未来呢？

这一时代的见证者
有角囊地鼠 先生

在地下挖巢穴居住的啮齿动物，与松鼠是近亲。头上长着两个萌萌的大角，超牛！

后记

读者朋友们，读完这本书，你有没有感受到生物的进化超牛、超有趣呢？我走进森林调查动物生态时，对动物们生活的森林、动物们的进化产生了很多思考。

为什么动物一看到人类就逃跑呢？这让我百思不得其解。在森林里与动物偶遇时，我往往只能看到它们的身影，还是它们逃走时的背影。

比如，我看到了一只正在啃食松果的松鼠。它坐在树枝上，用两只前爪捧着松果，"咔嚓咔嚓"地啃着松果皮，时不时停下来环顾四周，警惕着周围是否有危险出现。它发现了我之后，立刻叼着松果，迅速、敏捷地跳起，消失在森林里。尽管我只是静静地看着它，无意捕捉它，也没有吓唬它。

这或许是因为，当这只松鼠还是宝宝的时候，它看到松鼠妈妈一见到人类就逃走，于是也学会了吧。

不仅仅是看到人类，几乎所有的动物都会对没见过的东西保持警惕。

"松鼠的天妇罗"！这是松鼠啃过的松果，在森林的地上经常能看到。松鼠只挑松子吃，把核留下，于是就把松果啃成天妇罗的形状了。如果你看到了这样的松果，说明附近有松鼠居住哦。

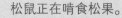
松鼠正在啃食松果。

在树干上装上摄像机和感应器，用来调查记录动物们的活动。

有许多动物因为对外界缺乏警惕而灭绝或者濒临灭绝。如今我们能够常常见到的动物都是对外界保持警惕的幸存者。看来高度的警惕心也是一种进化呢。再过上几十年，在寂静的森林里，或许也会出现看到人类而不逃走的松鼠。

走进大自然，比如森林，切身感受动物、森林和大自然，就会更加了解我们人类。不论严寒还是酷暑，晴天还是雨天，大自然都是那么美妙，都会带给你很多很多的新发现。读者朋友们，快来大自然里尽情探索吧！

动物学家

今泉忠明

索引

这本书中介绍过的生物

KURABETE BIKKURI! YABAI SHINKA NO IKIMONO ZUKAN
written by Tadaaki Imaizumi, illustrated by Daisuke Uchiyama and Tamio Abe
Copyright © Tadaaki Imaizumi, 2020
Illustrations copyright © Daisuke Uchiyama, Tamio Abe, 2020
All rights reserved.
Original Japanese edition published by SEKAIBUNKA HOLDINGS INC., Tokyo.

This Simplified Chinese language edition is published by arrangement with
SEKAIBUNKA Publishing Inc., Tokyo in care of Tuttle-Mori Agency, Inc., Tokyo
through Pace Agency Ltd., Jiang Su Province.

著作权合同登记号：图字 18-2021-81

图书在版编目（CIP）数据

超牛的进化 /（日）今泉忠明著；蒋芳婧译 . --
长沙：湖南科学技术出版社，2021.11
ISBN 978-7-5710-1139-0

Ⅰ . ①超… Ⅱ . ①今… ②蒋… Ⅲ . ①动物—进化—普及读物 Ⅳ . ① Q951-49

中国版本图书馆 CIP 数据核字（2021）第 151247 号

上架建议：畅销·科普

CHAO NIU DE JINHUA
超牛的进化

著　　者：［日］今泉忠明
译　　者：蒋芳婧
出 版 人：张旭东
责任编辑：刘　竞　　　　　　策划出品：小博集
策划编辑：马　瑄　　　　　　特约编辑：刘佳欣
版权支持：金　哲　　　　　　营销支持：付　佳　付聪颖　周　然
版式设计：马俊赢　　　　　　封面设计：姜利锐
出　　版：湖南科学技术出版社
　　　　　（湖南省长沙市湘雅路 276 号　邮编：410008）
网　　址：www.hnstp.com
印　　刷：北京尚唐印刷包装有限公司
经　　销：新华书店
开　　本：700mm×875mm　1/16
字　　数：149 千字
印　　张：10
版　　次：2021 年 11 月第 1 版
印　　次：2021 年 11 月第 1 次印刷
书　　号：ISBN 978-7-5710-1139-0
定　　价：49.80 元

若有质量问题，请致电质量监督电话：010-59096394　　团购电话：010-59320018